大数据技术与应用

大数据测评

蔡立志　武　星　刘振宇

主编

上海科学技术出版社

本书出版由上海科技专著出版资金资助

图书在版编目(CIP)数据

大数据测评 / 蔡立志,武星,刘振宇主编. —上海:
上海科学技术出版社,2015.1(2015.1重印)
(大数据技术与应用)
ISBN 978 - 7 - 5478 - 2278 - 4

Ⅰ.①大… Ⅱ.①蔡… ②武… ③刘… Ⅲ.①数据处
理—评价—研究 Ⅳ.①TP274

中国版本图书馆 CIP 数据核字(2014)第 133592 号

大数据测评

蔡立志 武 星 刘振宇 主编

上海世纪出版股份有限公司
上 海 科 学 技 术 出 版 社   出版
(上海钦州南路 71 号 邮政编码 200235)

上海世纪出版股份有限公司发行中心发行
200001 上海福建中路 193 号 www.ewen.co
苏州望电印刷有限公司印刷
开本 787×1092 1/16 印张 13.25
字数:300 千字
2015 年 1 月第 1 版 2015 年 1 月第 2 次印刷
ISBN 978 - 7 - 5478 - 2278 - 4/TP·27
定价:52.00 元

内容提要

　　大数据技术的发展，在带来产业快速发展的同时，也带来了很多软件技术的新需求。本书介绍了大数据的概念和特征，各国大数据的发展战略、发展趋势及其标准化情况，以及对软件测试带来的挑战。在此基础上，对面向大数据处理框架、大数据基础算法、应用系统、系统安全和隐私泄露等测评技术展开了分析和讨论。在底层支撑框架层聚焦于单元测试和框架基准测试；在基本算法中涵盖了聚类、分类及其个性化推荐；在应用层，介绍了其性能测试中若干问题，重点阐述数据集的设计与分析；在全书的最后，讨论了大数据的安全和隐私问题，突出介绍由于大数据所引发的新安全问题及其对策。

　　本书综合了众多业界专家、作者、学者的研究和产业成果，通过对大量文献和材料分析编著形成，可为从事大数据或者软件测评的学者、软件工程研究人员、高校研究生、大数据产业人员提供参考。

大数据技术与应用

学术顾问

中国工程院院士　**邬江兴**

中国科学院院士　**梅　宏**

中国科学院院士　**金　力**

教授，博士生导师　**温孚江**

教授，博士生导师　**王晓阳**

教授，博士生导师　**管海兵**

教授，博士生导师　**顾君忠**

教授，博士生导师　**乐嘉锦**

研究员　**史一兵**

本书编委会

序(一)

软件质量具有功能性、可靠性、易用性、效率性、维护性和可移植性六个特性,可以从软件的内部质量、外部质量和使用质量三个视角去考量。软件质量保证就是把质量嵌入到软件生存周期全过程中,以保证软件的"生产"质量。而软件测评是软件质量保证的一个关键手段,也是软件产品发布前的最终检验,目前其技术和工具亦日趋成熟。但是,今天已经面临"大数据"时代,带来的挑战是不言而喻的,这将是软件工程领域一次重大转折,由关注程序和产品为中心转向关注数据和服务为中心,从而其质量保证将会有全新的面貌。国际标准化组织和国际电工委员会第一联合技术委员会(ISO/IEC JTC 1)启动了数据质量和信息技术服务质量的标准项目,这充分说明我们应当重视这种重大的变化。

大数据的 4V 特性带来软件测试新的挑战:输入集的构建正面临着新的变化,输入不是一个数据或者几个数据,而是一个庞大的数据集;输入数据的样本覆盖和实际应用的匹配度如何;数据量是否能够满足关于数据相关性分析的要求;数据类型包括结构化数据和非结构化数据;输出集的正确性判断也面临新问题;输出结果的不确定性带来软件测试的 ORACLE 问题等。

今年春节,我和蔡立志博士他们闲聊时,从微信话题开始逐步转移到另外一个热门话题:大数据的技术及其发展。我问小蔡对这些挑战,有什么新的软件测试方法和技术,从而获悉了蔡立志博士所带领的团队正在编写《大数据测评》一书。该书有以下特点:

(1)贴近标准 概念和术语来自标准,而且还介绍了大数据基础与技术标准体系框架;当然,标准的制定需要研究的成果,尚需时日。

(2)资料翔实 只有占据了大量资料才有发言权,作者采用大数据的概念方法来阐说大数据的应用与测评。

（3）结构清晰　对支撑架构、算法、应用性能和安全等方面的测评方法和技术都做了深入的介绍，有利于应用。

作为一名长期从事软件工程研究的工作人员，有幸能和这些年轻人一起探讨，能够感悟到他们对生活的向往和激情，也使自己的心态年轻。同时，我亦欣赏他们直面问题、勇于创新的精神；欣赏他们积极进取、主动挑战的理念；欣赏他们不断努力、务实工作的态度。在这个高速发展的互联网时代，太需要更多的年轻人的创造性工作，并在不断实践基础上主动地"扬弃"，来解决我国信息化发展中的新问题。该书可能无法覆盖大数据测评所有问题，相信方法和技术会有更大的进步，后来者居上是作者的期望。该书的出版，将会有益于读者掌握一门重要的技术手段，有益于大数据技术应用的普及，有益于我国信息产业的发展。对大数据开展测评，具有较强的实现意义和应用价值，本书是一本值得推荐的书籍。

朱三元

2014 年 5 月 4 日

序(二)

　　大数据技术正在深刻地影响着社会的方方面面。从早上起来查看天气预报、食用营养早餐、出行查询交通导航、网上购物的个性化推荐等,无不体现着大数据对人们生活的影响。

　　2012年中国软件测评机构联盟技术委员会开会时,技术委员会主任蔡立志博士就大数据问题和我做过交流,但是并没有形成特别清晰的思路。2013年3月中国软件测评机构联盟在杭州召开了技术委员会会议,蔡立志博士在会上作了"大数据对于软件测试的挑战"的学术报告,使得全国近50家的联盟成员单位分享了他的思考成果。在年轻同志的努力下,我国的软件测试技术和产业最新技术能够同步发展,使联盟的工作取得非常可喜的成效,我感到特别欣慰。

　　关于大数据的测评问题,存在两种极端的思维模式:一是大数据软件也是一种软件,没有什么特别的技术挑战;二是大数据软件由于其输入和输出的复杂性,根本无法测试。在中国软件测评机构联盟技术委员会的学术交流上,这两种观点都有较多的支持和拥护者,争论得比较激烈。我个人觉得这两种思维都存在一定偏颇,既要兼顾技术发展的新特性,又不能因为其复杂性而不去探索,否则测评技术将永远无法跟上产业发展的步伐。在听了"大数据对于软件测试的挑战"的报告以后,我建议蔡立志博士将思考也可以说是初步的研究成果做进一步的深化和沉淀。

　　另一方面,作为第三方软件测评机构,其基本的公信力是建立在测试步骤的一致性、测试结果的重现性、立场的客观性之上。在产业无法达成共识,又没有统一的标准时,论文和书籍的编写可以很好地弥补第三方测评在这方面的不足,为测评人员提供技术指导和思路。而现在大数据就面临着这一现状,急需本领域前瞻性的技术指导,这也是最近几次和同行交流达成共识。

　　上个月突然接到蔡立志博士的电话，请我对其团队编写的《大数据测评》做一个序，我一口气读完了全书。这本书涵盖了大数据分析框架测试、算法质量测试、性能测试、大数据安全和隐私各个方面。内容翔实，覆盖面广，操作性强，可以为各个大数据的研究和测评技术人员提供有价值的参考。作为一个在软件质量和标准化领域工作近 40 年的老同志，我希望本书编写团队做进一步努力，努力将其转化为国家标准或行业规范。这是我个人的希望，也是产业的希望，我相信这个时间应该不会太远。

中国软件测评机构联盟秘书长

冯　惠

2014 年 4 月 13 日

前　言

在软件测试的经典定义中,这样描述软件测试"为发现软件错误,而运行软件的活动"。其基本的思路是根据软件需求规格说明书,执行软件操作和输入数据,依据软件实际输出结果和预期输出结果来评判软件是否满足规定的要求。

单元测试,要求依据软件实现的内部结构编写各种测试用例。语句覆盖、条件覆盖、判定覆盖、路径覆盖等覆盖准则的一个基本前提就是能够对软件的执行逻辑进行正确分析。随着各种大数据处理PAAS平台(Platform-as-a-Service,平台即服务)的出现,这种情况也在发生新的变化。测试人员看不到完整的逻辑,而是中间一部分,单元测试如何做? 如果软件运行在分布式集群中,单元测试中的覆盖如何实现? 大数据应用处理的不是静态的数据,同时大数据开放性数据的来源、数据的质量、数据的类型也并不严格受软件所控制。

2005年一个纯属偶然的机会,有几个用户要求上海市计算机软件评测重点实验室测试和评价类似"热度识别"、"趋势分析"等软件。这类软件的共同特征就是不具备类似"1+1=2"特性:软件输入不是一个特定含义数据,而是源源不断输入的数据集,例如论坛、新闻评论、博客等;软件输出没有客观的正确性的判断条件。例如,一篇关于讨论汽车企业上市的新闻,到底归属于哪一类,证券类还是汽车类,不同人由于其关注度不同导致了同样的对象得出不同结论。在热点识别时,不同的人在讨论同一件事不会完全采用同一词语、同一语句,必须采用某种相似性判定函数,如余弦相似性计算函数,对给定的两篇信息做出判断,即它们是否讨论同一个事件,而相似不是一个确定的概念,而是一个模糊的概念。在趋势分析时,没有一套趋势曲线和实际发展曲线完全重合的,意味着对软件系统的评判只有优劣之分,而没有对错之分。

大数据分析是一把双刃剑,在分析数据中存在的价值的同时,会带来新的隐私泄露途径和手段。这些隐私泄露的途径与手段和其他信息安全问题存在很大的不同,具有很强的隐蔽性。分析发布的数据,必须注意是否在不留意的过程中将隐私信息也发布了。

这些新的测试技术需求一直萦绕在我的脑中很多年,也没有特别好的解决方案。2012 年左右,产业开始出现了火热技术趋势"大数据",回想纠结这么多年的测试需求,就是由于"大数据"的 4V 特性所形成,我们开始关注搜集关于大数据测试的相关技术,包括底层支撑的分布式处理框架、典型的算法,以及产生的隐私泄露问题。2012~2013年,在中国软件测评机构联盟的多次技术交流会议中,我把关于这方面的技术思考做了交流,不断得到了同行们的支持和鼓励,技术思路也逐渐变得清晰。2013 年在上海大数据产业技术联盟的倡议和支持下,决定把这些想法编著成书,以便和同行们分享交流。

针对上述的新问题、新需求,本书以 Hadoop 为主线开展大数据测评的探讨。在底层支撑框架层聚焦于单元测试和框架基准测试;在基本算法中涵盖了聚类、分类及其个性化推荐;在应用层,介绍了其性能测试中若干问题,重点阐述数据集的设计与分析;在全书的最后,讨论了大数据的安全和隐私问题,突出介绍由于大数据所引发的新安全问题及其对策。在本书的编著过程中,得到上海计算机软件技术开发中心、中国电子信息标准化研究院、上海微趣信息技术有限公司等单位在时间、人员、技术等多方面的大力支持。感谢网宣办的徐良奇老师,每次和徐老师关于具有类似大数据特征的软件测评讨论,都让我受益匪浅,激发了我对于这方面问题思考的动力。大数据各项技术处于快速的发展过程中,所涉及的范围也十分庞大,本书选择了大数据测评技术中几个相对较为成熟的点,并未覆盖所有技术点。在本书的编著过程中,收集了大量的文献资料,包括最新的网页信息,本书的编著离不开这些宝贵的资料,在此一并表示感谢。限于作者的水平,书中肯定有不足和遗漏,任何的意见和建议,请发送电子邮件:clz@ssc.stn.sh.cn。

蔡立志

目　录

第1章　绪论　　　　　　　　　　　　　　　　　　　　　　　　*1*

・1.1　概述　　　　　　　　　　　　　　　　　　　　　　　　　*2*

・1.2　大数据战略与趋势　　　　　　　　　　　　　　　　　　　*6*

1.2.1　大数据战略　　　　　　　　　　　　　　　　　　　　　*6*

1.2.2　大数据趋势　　　　　　　　　　　　　　　　　　　　　*8*

・1.3　大数据标准化研究　　　　　　　　　　　　　　　　　　　*12*

1.3.1　国外标准发展现状　　　　　　　　　　　　　　　　　　*12*

1.3.2　国内标准发展现状　　　　　　　　　　　　　　　　　　*14*

・1.4　大数据应用　　　　　　　　　　　　　　　　　　　　　　*16*

1.4.1　趋势预测　　　　　　　　　　　　　　　　　　　　　　*17*

1.4.2　疫情分析　　　　　　　　　　　　　　　　　　　　　　*17*

1.4.3　消费行为分析　　　　　　　　　　　　　　　　　　　　*18*

1.4.4　智慧金融　　　　　　　　　　　　　　　　　　　　　　*20*

1.4.5　精确营销　　　　　　　　　　　　　　　　　　　　　　*20*

1.4.6　舆情分析　　　　　　　　　　　　　　　　　　　　　　*21*

・1.5　大数据对软件测试的挑战　　　　　　　　　　　　　　　　*23*

参考文献　　　　　　　　　　　　　　　　　　　　　　　　　　*24*

第2章　面向大数据框架的测评　　27

- 2.1　概述　　28
- 2.2　面向数据质量的测评　　29
  - 2.2.1　数据质量　　29
  - 2.2.2　数据预处理　　31
  - 2.2.3　数据质量测评　　36
- 2.3　分布式数据模型及测试　　40
  - 2.3.1　框架　　40
  - 2.3.2　数据模型　　41
  - 2.3.3　单元测试　　43
- 2.4　大数据的基准测试　　48
  - 2.4.1　基准测试　　48
  - 2.4.2　测试方法　　48
  - 2.4.3　测试内容　　50
    - 参考文献　　63

第3章　大数据智能算法及测评技术　　65

- 3.1　概述　　66
- 3.2　聚类算法及测评　　67
  - 3.2.1　聚类及其在大数据中的应用　　67
  - 3.2.2　聚类的典型算法及分析　　68
  - 3.2.3　聚类算法的测试　　72
  - 3.2.4　聚类质量的评估　　76
- 3.3　分类算法及评估　　79
  - 3.3.1　分类及其在大数据中的应用　　79
  - 3.3.2　分类的典型算法及分析　　80
  - 3.3.3　分类算法的测试　　86
  - 3.3.4　分类器性能的评估　　88
- 3.4　推荐系统算法及其测评　　92
  - 3.4.1　推荐系统算法　　94

3.4.2　推荐系统的测评实验　　　　　　　　　　　　97

3.4.3　推荐系统的评估　　　　　　　　　　　　　99

参考文献　　　　　　　　　　　　　　　　　　104

第4章　大数据应用的性能测评技术　　　　　　107

- 4.1　概述　　　　　　　　　　　　　　　　　　108
- 4.2　大数据应用的影响因素与性能测评　　　　　　109
- 4.2.1　影响大数据应用的因素　　　　　　　　　　109
- 4.2.2　大数据应用的性能测评类型　　　　　　　　109
- 4.2.3　大数据应用的性能测评指标　　　　　　　　110
- 4.3　大数据应用测试的支撑数据设计　　　　　　　113
- 4.3.1　大数据的数据结构特点　　　　　　　　　　113
- 4.3.2　大数据的数据设计依据　　　　　　　　　　114
- 4.3.3　大数据的数据生成方法　　　　　　　　　　116
- 4.4　大数据应用性能测评模型　　　　　　　　　　117
- 4.4.1　应用负载模型　　　　　　　　　　　　　　117
- 4.4.2　数据负载模型　　　　　　　　　　　　　　122
- 4.5　工具与案例　　　　　　　　　　　　　　　　130
- 4.5.1　性能测试工具　　　　　　　　　　　　　　130
- 4.5.2　性能测试流程　　　　　　　　　　　　　　131
- 4.5.3　某网络舆情监测系统测试案例　　　　　　　134
- 4.5.4　某微博大数据平台测试案例　　　　　　　　137

参考文献　　　　　　　　　　　　　　　　　　139

第5章　大数据应用的安全测评技术　　　　　　143

- 5.1　概述　　　　　　　　　　　　　　　　　　144
- 5.2　影响大数据应用安全的要素　　　　　　　　　145
- 5.2.1　影响架构安全的要素　　　　　　　　　　　145
- 5.2.2　影响数据安全的要素　　　　　　　　　　　148
- 5.3　大数据架构的安全测评　　　　　　　　　　　150

5.3.1 分布式计算框架的安全测评 150

5.3.2 非关系型数据库的安全测评 155

• 5.4 **数据的安全性测评** 160

5.4.1 数据来源的安全性测评 160

5.4.2 隐私保护程度的测评 164

• 5.5 **应用安全等级保护测评** 175

5.5.1 用户鉴别 176

5.5.2 事件审计 177

5.5.3 资源审计 179

5.5.4 通信安全 181

5.5.5 软件容错 182

参考文献 182

索引 185

第 1 章

绪论

随着数据的爆炸式增长,软件的处理重心由以流程控制为核心转向以数据价值挖掘为核心,在趋势预测、个性化推荐、事务的相关性分析等方面有着极其广泛的应用。在美国提出大数据研究和发展计划的影响下,数据战略逐渐上升为国家核心战略的重要组成部分,英国、日本、联合国等国家或者组织纷纷提出了大数据发展战略,国内上海、重庆也出台了相应的大数据发展战略。学术界和产业界针对大数据发展的迅猛需求,展开了大数据相关技术的研究,引发了大数据的标准化需求,各个标准化组织也纷纷提出了大数据标准。大数据的 4V 特征给软件的测试也带来了新挑战,包括基于分布式处理框架的性能测试问题、测试 ORACLE 问题、测试输入数据问题、大数据分析带来的隐私泄露和信息安全等。本章围绕相关问题展开了详细的分析。

1.1　概述

2013 年在 IT 领域最火热的词汇莫过于"大数据"。最初人们仅仅认为数据只是作为信息的载体、程序的一个配套而存在。今天,随着互联网、移动互联网及移动智能终端的发展,数据呈现出爆炸性增长趋势,人们的关注点从以流程控制为核心转向以数据价值挖掘为核心。1980 年,著名未来学家阿尔文·托夫勒在《第三次浪潮》一书中对大数据发展做出了"如果说 IBM 的主机拉开了信息化革命的大幕,那么大数据则是第三次浪潮的华彩乐章"的精确预言[1]。

数据产生到底有多快? 2013 年英特尔公司的一组调查数据显示:1 min 之内,全球有2.04 亿封邮件被发出;4.7 万个应用被下载;Twitter 上新增 320 多个账户和 10 万条微博;Facebook 被浏览了 600 万次;Google 上出现 200 多万条网络搜索;YouTube 上有 130 万段视频被观看;全球每分钟传输的 IP 数据几乎可以达到 640 000 GB。未来这些数据量仍会有惊人的增长,预计在 2015 年,网络设备的数量将是现在世界人口的两倍;看完每秒在 IP 网络上传输的视频要花费长达 5 年的时间,如图 1-1 所示[2, 3]。

除了上述社交数据以外,商业数据也在急剧膨胀。以 2013 年"双十一"当日的网络购物成交量为例。其中,易迅网成交订单 60 万单,成交金额达 5 亿元。京东商城的订单量达到 680 万单,平均每秒卖出 2 台电脑和超过 4 件手机类商品,全天售出 60 万台网络设备、130 万件办公用品、20 万台移动存储设备、8 万台显示器和 6 万部相机。在京东 11 月 1 日至 12 日的促销期间,其交易额达到 100 亿元。最亮眼的是阿里当日的交易额高达 350 亿元,成交单数达到了 1.7 亿单,无论是交易额还是成交单数均创造了新的纪录。与此同时,

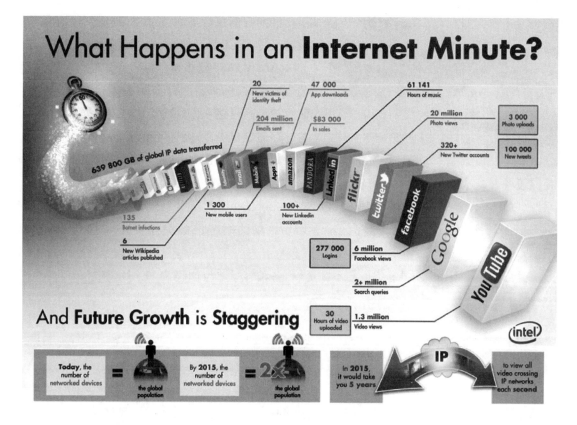

图 1-1　网上每分钟产生的数据

"双十一"物流订单量比去年同期增长 1.7 倍。截至 11 月 11 日 20 点,物流公司菜鸟网络平台已累计产生 1.29 亿个包裹,累计发运 4 600 万单,预计 24 h 到货 1 500 万单。显而易见,这些交易都产生了巨大的交易数据。

　　IDC(International Data Corporation,国际数据公司)从 2007 年开始提出用数字宇宙(The Digital Universe)的概念来描述数据,并在报告《2020 年的数字宇宙》[4]中预测:到 2020 年,整个数字宇宙的信息总量将达到 40 000 EB,即如果按全球人口计算,则人均信息量超过 5 200 GB;而且每两年信息量将膨胀一倍。

　　在了解数据增长的同时,简单回顾一下数据存储介质和容量的变化过程。早期电脑大多使用穿孔纸带存储信息。1944 年,Colossus Mark 1 等早期电脑完全靠纸带实时提供的数据来运行。1949 年,Manchester Mark 1 等后期电脑从纸带上读入程序,并将程序存储在一种原始的电子存储器中,以便之后执行。1951 年,UNIVAC I 使用磁带作为存储介质。1956 年,IBM 推出了世界上第一个硬盘驱动器 RAMAC 350。1963 年,IBM 推出了第一部带移动磁盘的硬驱 IBM 1311。1987 年,第一款光盘进入市场,每一面可以记录 60 min 的音频或视频。2010 年 6 月制定的 BDXL 技术规范,支持 100 GB 和 128 GB 的蓝光光盘。2014 年 3 月 10 日,索尼和松下宣布,将于 2015 年推出 300 GB 全新光存储格式的 Archival Disc 光盘,稍后还有 500 GB 和 1 TB 两种型号。目前,硬盘容量可以高达 4 TB。

图 1-2 一个容量 1 TB 的移动 U 盘

伴随着信息急剧膨胀而来的不仅是存储容量越来越大,还有存储设备体积越做越小。IBM 的 RAMAC 350 最多可存储 5 MB 的数据,却有两个冰箱大。而现在,3.5 英寸台式机硬盘的存储容量最高可达 4 TB,氦气充填式数据中心驱动器的存储容量可以达到 6 TB,1 个 U 盘最高可以存储 1 TB 的数据,如图 1-2 所示。除了单一的存储设备,基于网络的大型存储阵列也在不断发展。以 GFS、HDFS 为代表的分布式文件系统(Distributed File System,DFS),以 Swift、Ceph 等为代表的面向对象存储系统,以及以 BigTable、HBase 为代表的键值(Key-Value)存储系统已经完全突破了硬件空间的限制[5]。

最后,日常使用的数据单位也在不断更新,各种容量单位如表 1-1 所示。

表 1-1 容 量 单 位 表

大　　小	英 文 单 位	中 文 单 位
1 B=8 bit	Byte	字节(节)
1 KB=1 024 B	KiloByte	千字节
1 MB=1 024 KB	MegaByte	兆字节
1 GB=1 024 MB	GigaByte	吉字节
1 TB=1 024 GB	TeraByte	太字节
1 PB=1 024 TB	PetaByte	拍字节
1 EB=1 024 PB	ExaByte	艾字节
1 ZB=1 024 EB	ZetaByte	皆字节
1 YB=1 024 ZB	YottaByte	佑字节
1 NB=1 024 YB	NonaByte	诺字节
1 DB=1 024 NB	DoggaByte	刀字节

对于大数据,业界尚未给出统一的定义,不同的公司和研究机构从不同的角度诠释了大数据。Gartner[6]指出:"大数据是大容量、高速率、多形态的信息资产,且需要成本效益、信息处理来增加洞察力和决策创新形式。"麦肯锡在研究报告《大数据的下一个前沿:创新、竞争和生产力》[7]中认为:"大数据是指大小超出了典型数据库软件工具收集、存储、管理和分析能力的数据集。"亚马逊网络服务(AWS)[8]的大数据科学家 John Rauser 认为:"大数据

是任何超过了一台计算机处理能力的庞大数据量。"EMC[9]指出："数据集或信息,它的规模、发布、位置在不同的孤岛上,或它的时间线要求客户部署新的架构来捕捉、存储、整合、管理和分析这些信息以便实现企业价值。"维基百科(Wikipedia)[10]给出的是："大数据,或称巨量数据、海量数据、大资料,指的是所涉及的数据量规模巨大到无法通过人工,在合理时间内达到截取、管理、处理,并整理成为人类所能解读的信息。"百度百科[11]中给出："大数据,所涉及的资料量规模巨大到无法通过目前主流软件工具,在合理时间内达到撷取、管理、处理并整理成为帮助企业经营决策更积极目的的资讯。"美国国家标准技术研究(National Institute of Standards and Technology, NIST)的大数据工作组在《大数据:定义和分类》[12]中认为:"大数据是指那些传统数据架构无法有效地处理的新数据集。因此,采用新的架构来高效率完成数据处理,这些数据集特征包括:容量、数据类型的多样性、多个领域数据的差异性、数据的动态特征(速度或流动率,可变性)。"

在介绍大数据的特征之前,先看看数据单位的一种形象化描述[13]:如果说 1 B 表示为一粒沙子,那么 1 KB 相当于几撮沙子,1 TB 相当于一个操场沙箱中的沙子,1 PB 相当于一片 1.6 km 长的海滩上的沙子,1 EB 相当于 1999 年上海到香港之间的海滩上的沙子,1 ZB 相当于全世界所有的海滩上的沙子之和。各机构给出的大数据理解可以看出,没有一个是以数据量的绝对值作为大数据的衡量依据。但是对大数据的"大"的基本理解是:超出当前一般系统的处理能力。大数据的特征,业界通常通过 4V 来描述:

(1) 数据类型繁多(Variety)　除了结构化数据外,大数据还包括各类非结构化数据(例如文本、音频、视频、点击流量、文件记录等),以及半结构化数据(例如电子邮件、办公处理文档等)。

(2) 处理速度快(Velocity)　大数据具有时效性,这就要求企业必须合理处理大数据,才能最大化地挖掘、利用大数据所潜藏的商业价值。

(3) 数据体量巨大(Volume)　即数据量大。虽然各界对数据量的统计和预测结果并不完全相同,但是都一致认为数据量将急剧增长。

(4) 数据价值(Value)　大数据处理的目的是从海量价值密度低的数据中挖掘出具有高价值的数据。这一特性突出表现了大数据的本质是获取数据价值,特别是商业价值,即如何有效利用好这些数据。

从产业的角度来看,常常将具有这 4V 特征的数据和采集它们的工具、平台、分析系统一起称为"大数据"。

Yuri Demchenko 等人提出了大数据体系架构框架的 5V 特征,如图 1-3 所示[14]。它在上述 4V 的基础上,增加了真实性(Veracity)特征,真实性包括可信性、真伪性、来源和信誉、有效性和可审计性。

大数据的过程模型如图 1-4 所示。从数据源开始,一直到被数据的消费者或者数据分析应用所使用,整个数据的生存周期一般需要经过数据收集和录入、数据处理(包括数据过滤和数据分类)、数据分析和预测、数据交付和数据的可视化等过程。

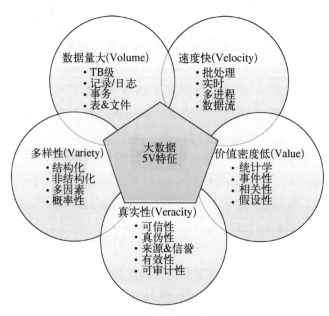

图 1-3　大数据 5V 特征

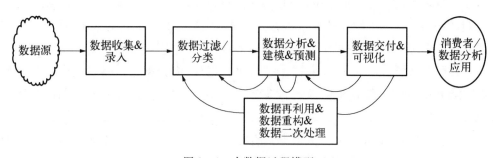

图 1-4　大数据过程模型

1.2　大数据战略与趋势

1.2.1　大数据战略

　　大数据新型的应用需求,将推动整个信息技术产业的新一轮发展。渗透到各个行业和业务领域的大数据逐渐成为核心的竞争要素,而社会各领域对海量数据的运用引发新一轮浪潮的涌来,预计 2014 年全球大数据直接和间接拉动信息技术支出将达 1 200 亿美元。美国、日本、英国等国家纷纷提出大数据战略,在国内,上海、重庆等主要城市也分别结合当地产业发展的需求,提出大数据发展战略[15]。

　　2009 年,奥巴马政府推出了美国最重要的数据开放平台"Data. gov",这是美国"开放政府"承诺的关键部分。依照原始数据、地理数据和数据工具三个门类,截至2012年11月,Data. gov共开放出了约38.8万项原始数据和地理数据,涵盖了农业、气象、金融、就业、人口统计、教育、医疗、交通、能源等大约50个门类[16]。2011年,因为大数据技术蕴含着重要的战略意义,美国总统科技顾问委员会建议联邦政府加大大数据的投资研发力度。2013年3月,白宫发布了《大数据研究和发展计划》,同时组建"大数据高级指导小组"。该计划描述了联邦政府12个关键部门开展大数据研发应用的行动计划,大数据研发应用将从以往的商业行为上升到美国国家战略部署的总体蓝图。美国国家科学基金会国防部、能源部等六个联邦部门和机构承诺,将投入超过2亿美元资金用于研发"从海量数据信息中获取知识所必需的工具和技能",并披露了多项正在进行中的联邦政府计划。例如美国国防部在大数据上每年的投资大约是2.5亿美元,同时启动了持续四年的XDATA计划,该计划每年投资约2 500万美元[17]。

继美国推出《大数据研究和发展计划》后,日本也开始重点关注大数据。日本总务省信息通信政策审议会下设的"ICT基本战略委员会"认为:"提升日本竞争力,大数据应用不可或缺。"新ICT战略将重点关注大数据应用所需的云计算、传感器、社会化媒体等智能技术开发。新医疗技术开发、缓解交通拥堵等公共领域将会得到大数据带来的便利与贡献。根据日本野村综合研究所的分析显示,日本大数据应用带来的经济效益将超过20万亿日元[18]。

2013年年初,英国商业、创新和技能部宣布,将注资6亿英镑发展八类高新技术,大数据独揽其中的1.89亿英镑。2013年5月初,英国在牛津大学建设了医药卫生科研中心,以综合运用大数据技术在医药卫生领域的应用,促进医疗数据分析方面的新进展,帮助科学家更好地理解人类疾病及其治疗方法,通过搜集、存储和分析大量医疗信息,确定新药物的研发方向,从而减少药物开发成本,同时为发现新的治疗手段提供线索[19]。

2012年5月29日,联合国"全球脉动"(Global Pulse)计划发布《大数据开发:机遇与挑战》报告。报告指出,由于世界正变得越来越难以控制,而事物之间存在着相互联系,政策制定者更倾向于利用包括社交网络在内的大数据资源造福人类[20]。

国内从2013年起,上海、重庆等地纷纷推出了各自的大数据战略。2013年7月,上海市科学技术委员会发布《上海推进大数据研究与发展三年行动计划(2013~2015年)》[21],并发起成立了上海大数据产业技术创新战略联盟。其核心内容是六大平台和六大行业应用:建立六大领域的大数据公共服务平台,包括医疗卫生、食品安全、终身教育、智慧交通、公共安全、科技服务等,重点选取金融证券、互联网、数字生活、公共设施、制造和电力等具有迫切需求的行业,开展大数据行业应用研发。2013年7月30日重庆发布的《重庆市大数据行动计划》(渝府发〔2013〕62号)[22],提出"到2017年建设7大领域的关键技术,包括:虚拟技术、云计算平台技术、海量数据存储、数据预处理、新型数据挖掘分析、信息安全技术、大数据关键设备。重点开展的应用包括:电子政务、民生服务、城市管理等行业,打造2~3个大数据产业示范园区,培育10家核心龙头企业、500家大数据应用和服务企业,引进和培养1 000名大数据产业高端人才,形成 500 亿元大数据产业规模,建成国内重要的大数据产业基地"。

1.2.2 大数据趋势

技术成熟度曲线、Google 趋势是描述大数据发展趋势很好的工具或资源。

技术成熟度曲线(the Hype Cycle)[23],又称技术循环曲线、光环曲线、炒作周期,指的是企业用来评估新科技的可见度,利用时间轴与市面上的可见度(媒体曝光度)决定要不要采用新科技的一种工具。技术成熟度曲线将一个产品周期分为萌芽期、过热期、低谷期、复苏期和成熟期。2012 年 Gartner 公布了 2012～2013 年技术成熟度曲线报告,分析了新技术和应用创新带来的变化,并预测技术发展的趋势,公布了 48 项即将大热的技术。比较图 1-5 和图 1-6 可以看出大数据发展态势,2012 年大数据处于上升的位置,而在 2013 年大数据达到巅峰状态。

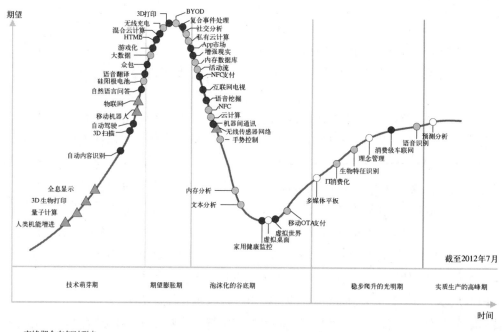

图 1-5 2012～2013 年技术趋势预测

在 Gartner 公布 2014 年十大技术趋势预测中,社交、移动、大数据以及云计算这四项驱力,将改变未来的技术趋势,并推动各种新应用、新服务市场的萌发,如图 1-6 所示。

Google 趋势分析通过主题在资讯文章中出现的频率,以及经常搜索它们的地理区域分布,来反映全世界不同人所喜爱的主题关注度和研究热度。前面已经提到 Google 趋势是一个大数据研究的典型工具,可以采用 Google 趋势来分析大数据本身的研究热度趋势。下面

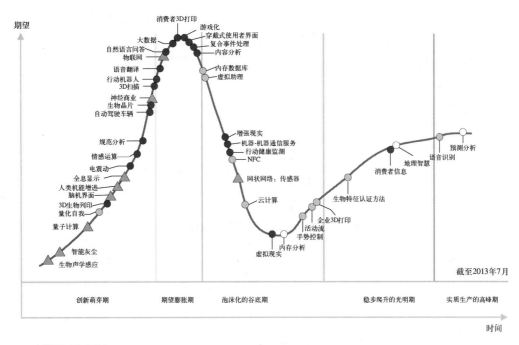

图 1-6　2013～2014 年技术趋势预测

使用 Google 趋势来分析大数据的发展。

以"Big Data"为搜索词汇进行新闻搜索,结果如图 1-7 所示。2011 年热度曲线开始出现拐点,在 2012 年迅速上升,并于 2013 年 10 月达到了 2013 年度的最高峰;而在 2013 年的 12 月,估计受圣诞节等节日的影响,曲线出现低谷,热度值为 72;在 2014 年 3 月达到历史最高峰。从词汇分布上看,查询主要包括"big data analytics"、"analytics"、"data analytics"等词汇,如图 1-8 所示。

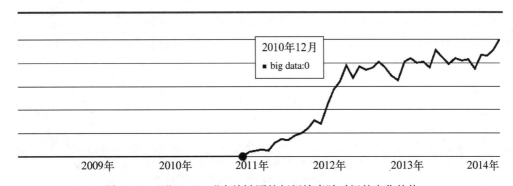

图 1-7　以"Big Data"为关键词的新闻搜索随时间的变化趋势

从全球分布来看(图 1-9),"Big Data"搜索热度最高的城市是印度,其热度为 100%,其后依次为美国、英国、法国、加拿大和德国。而在美国,大数据新闻的分布特征也非常明显:

主题	热门	上升			查询	热门	上升	
Big data - Industry	100	■■■			analytics big data	100	■■■	
Data - Website Category	90	■■■			data analytics	100	■■■	
Apache Hadoop - Software	5	▪▪▪			analytics	95	■■■	
Business intelligence - Industry	0	▪▪▪			cloud big data	65	■■▪	
					cloud computing	35	■▪▪	
					hadoop big data	30	■▪▪	
					ibm big data	30	■▪▪	

图1-8 Google趋势关于大数据的分析

在东西部热度很高,其中马萨诸塞州为100%,哥伦比亚特区和加利福尼亚州紧跟其后,而中部地区的热度比较低,如图1-10所示。

印度	100	■■■		马萨诸塞州	100	■■■
美国	65	■■▪		哥伦比亚特区	55	■■▪
英国	54	■■		加利福尼亚州	49	■■▪
法国	30	■▪		马里兰州	46	■■▪
加拿大	27	■▪		纽约州	45	■■▪
德国	17	▪		弗吉尼亚州	42	■▪
				乔治亚州	36	■▪

图1-9 "Big Data"新闻热点全球分布情况　　　图1-10 "Big Data"新闻热点在美国分布的情况

就国内情况来看,"大数据"在2013年12月份开始出现拐点并快速上升,到2014年3月达到峰值,如图1-11所示。从图1-12中可以看出,研究最热的城市分别为北京、上海和广东,紧接着为湖北和四川,搜索的关键词主要为"大智慧数据"和"大数据量"。而上升速度最快的为"Mysql大数据"、"Oracle大数据"、"大数据分析"和"大数据时代",如图1-13所示。

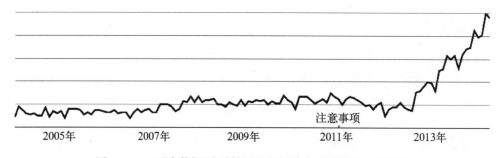

图1-11 以"大数据"为关键词的新闻搜索随时间的变化趋势

北京市	100
上海市	92
广东省	80
湖北省	76
四川省	72
陕西省	68
福建省	68

图 1-12 大数据研究在国内的热度分布

热门		上升	
大智慧数据	100	mysql 大数据	飙升
大智慧	95	oracle 大数据	飙升
大数据量	90	大数据分析	飙升
大数据下载	45	大数据时代	飙升
大数据分析	35	大数据查询	飙升
数据分析	30	大数据量	+250%
大数据处理	30	大智慧	+170%
	嵌入		嵌入

图 1-13 关于大数据的词汇热度分析

2012 年 6 月,中国计算学会(China Computer Federation,CCF)成立大数据专家委员会,主要讨论大数据的核心科学与技术问题。大数据专家委员会下设五个工作组,分别负责专家委员的会议组织、学术交流、产学研用合作、开源社区与大数据共享联盟以及战略材料的编写工作。在 2013 年 12 月 1 日,CCF 大数据专家委员会发布了《中国大数据技术产业发展白皮书(2013 年)》[24],提出了大数据采集与预处理、大数据存储与管理、大数据计算模式与系统、大数据分析与挖掘、大数据可视化计算及大数据隐私与安全六个方面问题与挑战、进展及发展趋势。

2013 年 12 月 5 日,CCF 大数据专家委员会发布的《大数据热点问题与发展趋势(2014 年)》[25],给出了 2014 年大数据的十大发展趋势:

(1) 大数据从"概念"走向"价值"。

(2) 大数据处理架构的多样化模式并存。

(3) 大数据安全与隐私。

(4) 大数据分析和可视成为热点。

(5) 大数据产业成为战略性产业。

（6）共享联盟化。

（7）基于大数据推荐和预测将逐步流行。

（8）深度学习和大数据智能成为支撑。

（9）数据库科学的兴起。

（10）大数据生态环境的局部完善。

CCF认为2014年最令人瞩目的六大应用领域分别是网络大数据、金融大数据、健康医疗大数据、企业大数据、政府管理大数据和安全大数据。表1-2对比了CCF 2013年度和2014年度大数据发展预测。其最大的不同点在于核心技术方面：从2013年度比较笼统的基于大数据的智能和革命性方法，变为2014年度四个指向性非常明确的技术趋势预测，即Hadoop的多模式架构并存、大数据可视化、推荐和预测及深度学习[25]。

表 1-2　大 数 据 预 测

	2013 年度预测	2014 年度预测
核心技术方面	（4）基于大数据的智能的出现； （5）大数据分析的革命性方法	（2）大数据架构的多样化模式并存； （4）大数据分析与可视化； （7）基于大数据的推荐与预测流程； （8）深度学习与大数据智能成为支撑
技术生态方面	（2）大数据的隐私问题突出； （6）大数据安全； （7）数据科学兴起	（3）大数据安全与隐私； （9）数据科学的兴起
产业生态方面	（1）数据的资源化； （3）大数据与云计算等深度融合； （8）数据共享联盟； （9）大数据新职业； （10）更大的数据	（1）大数据从"概念"走向"价值"； （5）大数据产业成为战略性产业； （6）数据商品化与数据共享联盟化； （10）大数据生态环境逐步完善

1.3　大数据标准化研究

1.3.1　国外标准发展现状

随着大数据技术的不断发展，各国际标准化组织也纷纷展开了大数据标准化的研究。

1) ISO/IEC JTC1

2013 年 11 月,国际标准化组织/国际电工委员会第 1 联合技术委员会(Joint Technical Comitte 1 of the International Organization for Standardization and the International Electrotechnical Comission,ISO/IEC JTC 1)成立了大数据研究组,其目的是:研究 ISO、IEC 和其他标准化组织大数据相关的技术、标准、模型、研究报告、用例和应用情况;研究大数据领域常用的术语和用例;评估现有大数据标准化市场需要情况,判别标准空白,并给出 JTC1 未来基础标准化工作的优先顺序的建议。

2012 年 6 月在 SC32(数据管理与交换委员会)柏林全会上成立了下一代分析和大数据研究组。该研究组主要的研究内容为有关下一代分析、社会分析和底层技术支持领域中潜在的标准化需求。

2) ITU-T

国际电信联盟远程通信标准化组织(ITU Telecommunication Standardization Sector,ITU-T)下的第十三研究组(SG13)正在进行大数据需求方面的研究,建立了基于云计算的大数据需求和能力项目。

3) NIST

2013 年 6 月 19 日,美国国家标准与技术研究院(National Institute of Standards and Technology,NIST)召开了大数据公共工作组项目启动会,其目标是研究一致的定义、分类、安全参考架构和技术路线,在工业界、学术界、政府内对大数据形成一致的观点。

4) CSCC

云标准用户协会(Cloud Standards Customer Council,CSCC)在 2013 年 3 月 18 日举办的"云中的大数据:为未来做准备"论坛中展示了大数据应用的实际案例,同时还成立了大数据工作组。各个行业的用户组织借此分享了大数据应用的最佳实践。

5) SNIA

全球网络存储工业协会(Storage Networking Industry Association,SNIA)于 2012 年 4 月成立了大数据分析技术委员会(Analytics and Big Data Committee,ABDC),致力于大数据分析的市场培育和发展,并注重和大数据分析相关的产业主体的合作,共同推动大数据的市场拓展和教育。ABDC 技术委员会在大数据分析方面的工作侧重于存储和存储网络的使用。

6) WBDB

美国 NSF、SDSC/CLDS 等机构发起的大数据标准研讨会(Workshop on Big Data Benchmarking,WBDB),其目的是通过评估大数据应用的软硬件系统,来促进行业标准和基准测试的发展,并推动实现不同的大数据解决方案的公平比较。2012 年 5 月,在美国加州圣何塞(San Jose)举办第一次研讨会;2012 年 12 月,在印度浦那(Pune)举办第二次研讨会;2013 年 7 月,在中国西安举办第三次研讨会,其会议主题是 Big Data TOP 100 排行榜。前两次会议已经讨论引进 TOP 100 排行榜的概念——根据性能、效率、性价比等因素来排名,本次 BigData TOP 100 排行榜根据大数据应用的负载性能来排名。第三次研讨会将重点关注这类大数据应用的规范和基准测试过程,具体包括性能指标、性价比指标和基准测试结果的验证。

7) DMG

数据挖掘组(Data Mining Group, DMG)是独立的、由厂商领导的组织,专门研发数据挖掘标准,正式会员有 IBM、MicroStrategy、SAS、SPSS 等。该组织开发的预测模型标记语言标准(Predictive Model Markup Language, PMML)是统计和数据挖掘模型的业界领先标准,受到 20 多家厂商和组织的支持。使用 PMML 易于把一种应用系统上开发的模型部署到另一种应用系统上。

8) CSA

云安全联盟(Cloud Security Alliance, CSA)成立于 2009 年,是致力于提供云计算安全保障的非盈利性组织,主要成员有 eBay、ING、Qualys、PGP、zScaler 等。在 2012 年成立了大数据工作组(Big Data Working Group, BDWG),主要开发数据中心与隐私问题的可升级技术,引领并明确大数据的安全与隐私以帮助行业与政府在最佳实践中的实施,并与其他组织建立联络关系以便协调大数据安全与隐私标准的制定,推动创新研究的采用以解决安全与隐私问题。

1.3.2　国内标准发展现状

国内已经启动了大数据的相关标准工作。2012 年有 3 项围绕数据存储的国家标准立项,包括《信息技术　云数据存储和管理　第 1 部分　总则》、《信息技术　云数据存储和管理　第 2 部分　基于对象的云存储应用接口》和《信息技术　云数据存储和管理　第 5 部分　基于键值(Key-Value)的云数据管理应用接口》。2013 年 11 月至 12 月,这三项国家标准对外征求意见,并于 2014 年 1 月召开了国家标准专家审查会[26]。

如图 1-14 所示,大数据相关的标准可分为两大类:基础类和技术类。基础类包括大数据通用的参考架构、总体技术要求、大数据标准化指导性意见。技术类按照数据的生命周期,将大数据标准进一步划分为:

(1) 数据采集　数据的抽取和预处理等相关规范。

(2) 数据存储　各种类型数据的存储和访问接口规范,包括数据存储平台总体性技术要求。

(3) 数据处理和分析　数据的组织、更高层访问接口规范,以及相关数据分析技术接口规范,包括数据处理和分析平台的总体性技术要求。

(4) 数据管理　针对数据的源数据管理、质量管理以及数据管理接口规范。

表 1-3 介绍了目前国内大数据标准化研究工作情况。由于大数据研究还处于前期阶段,大数据标准化研究主要集中在基础标准层面。

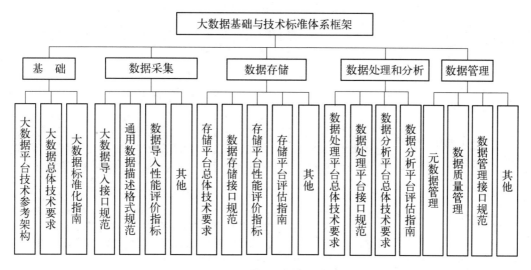

图 1-14 大数据基础与技术标准体系框架

表 1-3 大数据标准集

标 准	描 述
大数据平台技术参考架构	对大数据生命周期的各个阶段,包括数据采集、数据处理、数据存储、数据分析等各个阶段所涉及的技术制定统一的技术参考架构,对理解大数据领域的技术统一认识
大数据存储平台总体技术要求	规定大数据存储平台的总体技术要求,包括存储平台的参考架构和技术要求,其中参考架构主要关注在存储系统功能及接口上,技术要求则从大数据应用的 4V 特征出发,给出对大数据存储平台的要求,如功能要求、性能要求、可扩展性要求、可靠性要求等
大数据处理平台 第 1 部分 总体技术要求	规定大数据处理平台的总体技术要求,包括大数据处理平台的参考架构、技术要求、数据格式定义、资源管理框架等
大数据处理平台 第 2 部分 基于映射规约(MapReduce)的大数据处理接口	规定 MapReduce 大数据处理的接口规范,包括集群配置、核心接口(映射、规约、分区、本地分组)、运行环境配置、作业控制等
大数据处理平台 第 3 部分 基于块同步并行(BSP)的大数据处理接口	规定块同步并行 BSP 大数据处理的接口规范,包括集群配置、核心通信接口、运行环境配置、作业控制等
大数据处理平台 第 4 部分 基于消息传递接口(MPI)的大数据处理接口	规定 MPI 数据处理的接口规范,包括语言和数据绑定、点对点通信接口、通信接口、组、上下文及通信子等

（续表）

标　　准	描　　述
大数据处理平台 第 5 部分 基于流计算的大数据处理接口	规定大数据分布式流处理平台接口总体技术要求,包括大数据分布式流处理平台技术/功能要求、用户编程接口(API)、集群资源管理框架及接口等
大数据分析平台总体技术要求	给出大数据分析的范畴及内容,包括大数据分析的过程、体系结构等,将大数据分析过程抽象成高层过程模型,最终形成大数据分析的高层体系结构。本标准主要针对大数据分析的概念模型,制定一个综合性的数据分析参考模型
通用数据导入接口规范	制定的通用数据导入接口规范,面向大数据的主要特征,同时兼顾数据访问的高性能,并支持标准的 SOAP 协议和 FTP 协议,其中基于 SOAP 协议的 Web service 接口用于实时获得信息接口,而 FTP 接口将用于大容量的批量数据接口,至于 Socket 接口则用于应对高性能高可用性的实时数据访问接口
大数据质量评价指标	数据质量的参差不齐严重影响了大数据平台的数据处理和分析效率。对进入大数据平台的数据质量从多个方面进行评价,以便大数据处理和分析平台的数据在质量方面有所保障
通用数据导入接口测试规范	通用数据导入接口测试规范,包括测试目的、测试场景、测试步骤、测试结果等
大数据存储平台测试规范	规定了大数据存储平台的测试环境、测试工具、测试方法和测试用例,从存储平台的总体技术要求和存储接口两个方面制定测试规范

1.4　大数据应用

　　随着大数据时代的到来,大数据的应用开始逐渐进入了社会的各个领域,其相关技术已经渗透到各行各业,基于大数据分析的新兴学科也随之产生。大数据在不同的专业领域中均有不同程度的应用,如互联网中已经应用大数据进行个性化推荐;遥感探测大数据已经具有生产效益;生物信息科学家已经开始应用基因大数据探索人类的奥秘;其他专业和行业对大数据的研究可能仍处于探索阶段,但大数据的浪潮很快就会席卷生活中的各个领域[27]。尽管网络大数据的涌现为人们提供了前所未有的宝贵机遇,但同时也提出了重大的挑战。大数据为人们更好地感知现在、预测未来将带来的新型应用。大数据的技术与应用还是处于起步阶段,其应用的前景不可估量。

　　基于互联网的大数据应用是相对发展较早的应用。以用户数据、日志数据为代表的行为或者交易数据蕴含着大量有价值的信息,本节介绍大数据统计分析与关联分析的相关应用。

1.4.1 趋势预测

在数据趋势分析领域,除了 10 年前关于"尿布和啤酒"挖掘案例外,又涌现出了丰富的例子。美国总统奥巴马成功连任,是其中的典型例子之一,它包含了两个方面比较有意思的分析:竞选团队的竞选策略分析和第三方观察者的预测分析。

2012 年美国总统大选时,美国的失业率超过了 7.4%。在过去 70 年里,还没有一名美国总统能在这种情况下连任成功。面临着如此巨大的压力,奥巴马的数据分析团队一方面研究每一个群体选民的行为规律并建立数据模型,进而预测选民的行为方式;另一方面通过选民行为变化的规律及其各种诱发因素及时调整模型,并根据新模型做出相应的对策。这为奥巴马取得大选的胜利带来了根本性优势[28]。

美国统计学家 Nate Silver 分析了奥巴马和罗姆尼的竞争力优势和弱势,建立了预测模型,认为奥巴马连任的机会是 86.3%。Silver 的同事 Mike Bostock 和 Shan Carter 在纽约时报上发表文章称,基于竞争力的分析,他们看到奥巴马有 431 种胜利途径,而罗姆尼仅有 76 种,如图 1-15 所示[29]。

Silver 对选票结果的预测也高度准确[30]:奥巴马比罗姆尼的选票比为 50.8:48.3,实际的票选结果为 50.4:48.1,两者几乎相等。这些成功的预测案例充分展示了大数据技术强大的能量。

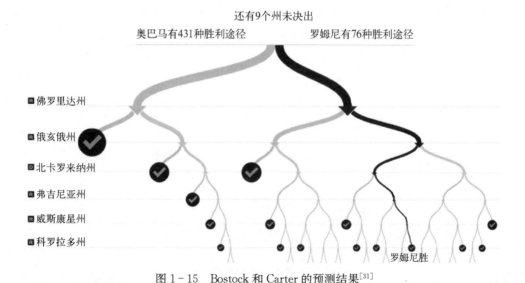

图 1-15 Bostock 和 Carter 的预测结果[31]

1.4.2 疫情分析

Google 在 2008 年 11 月推出了"流感趋势"网站,并在英国《自然》(Nature)杂志上发表了相关的预测方法和结果。它的工作原理是[32]："在流感季节,与流感有关的搜索会明显增多;到了过敏季节,与过敏有关的搜索会显著上升;而到了夏季,与晒伤有关的搜索又会大幅增加。"这表明在特定时期,网上关于某种疾病的搜索量与当下该疫情的分布或传播情况存在一定的规律,进而可以对疫情进行准确的估测。

以"登革热流行趋势"[33]为例,Google研究发现"搜索登革热相关主题的人数与实际有登革热症状的人数之间存在着密切的关系"。并不是每个搜索"登革热"的人都是该病的患者,但将与"登革热"有关的Google搜索查询汇总,可以得到非常有用的信息。Google将统计的查询数据与传统登革热监测系统的数据进行了对比分析,结果发现相关搜索查询在登革热流行季节确实会明显增多。通过对"登革热"搜索情况进行分析,估测出世界上不同国家和地区的传播情况。图1-16对比了印度尼西亚登革热疫情和Google预测结果,两者的重合度非常高。图1-17分析了墨西哥"登革热"的变化趋势。

图1-16 印度尼西亚登革热疫情和Google预测对比

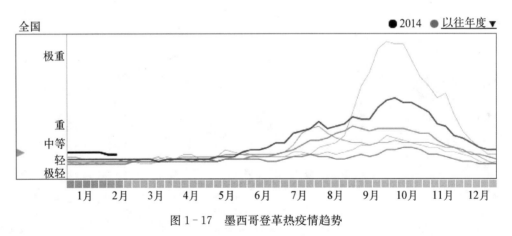

图1-17 墨西哥登革热疫情趋势

1.4.3 消费行为分析

国内对大数据的搜集和利用主要体现在电子商务上。2010年,淘宝网推出了针对中国消费者的数据研究平台——淘宝指数，其工作原理是：提供基于淘宝网上的商品类目、品牌、属性等关键词的多维度的数据组合查询；并利用用户的搜索行为和后台成交明细数据进行分析。从事各个行业的淘宝用户就可以利用淘宝指数来进行趋势分析、研究市场细分和定位消费群体等[34,35]。据邬贺铨院士分析："淘宝指数"统计人们对首饰、衣服、电子产品等消费需求，而不是基本的吃、用等必需品的价格，因此受收入变化的影响更大，淘宝公司发布的 CPI(Consumer Price Index，居民消费价格指数)的预测值比国家统计局的 CPI 更为敏感。淘宝指数也因此受到中央相关领导的重视[36]。

　　下面列举了两个使用淘宝指数的实例。图 1－18 是以"春装新款 2014"为关键词进行搜索，得到 2013 年 11 月到 2014 年 3 月搜索指数与成交指数之间的关系图。从图 1－19 中可以看出"周大福"这个品牌的搜索者和成交者两个群体间存在一定的差异性：从 2013 年 6 月 1 日到 2014 年 1 月 31 日，搜索"周大福"的人群中男性仅占 33％，而在购买人群中却占 51％。

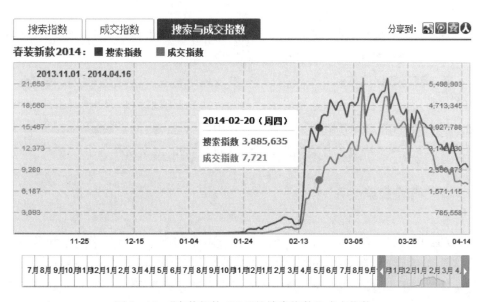

图 1－18　"春装新款 2014"的搜索指数和成交指数

图 1－19　周大福搜索和购买的人群差异

1.4.4 智慧金融

大数据在金融领域有着极其广泛的应用,以腾讯、阿里代表的互联网公司推出了基于大数据的金融理财方式,如理财通、支付宝等。以阿里金融为例,说明大数据在金融方面的应用。

阿里金融[37],即阿里小贷,是国内率先利用大数据技术生成新服务模态的重要实例。阿里金融通过研究淘宝(天猫)网上小微企业的交易状况,筛选出财务健康和诚信度高的企业,为这些企业提供网上贷款服务。阿里金融大数据主要包括:

(1) 数据收集:一方面,阿里巴巴、淘宝、天猫、支付宝等交易平台,为开展对卖家信誉的定量分析提供数据基础,即包括平台认证和注册信息、历史交易记录、客户交互行为、海关进出口信息等数据。另一方面,卖家提供的销售数据、银行流水、水电缴纳、结婚证等信息。

(2) 大数据模型测评:利用心理测试系统,判断企业主的性格特征,并依据大数据模型对小企业主对假设情景的掩饰程度和撒谎程度进行判断。

(3) 通过网络数据模型和在线资信调查,以及辅以第三方验证交叉检验技术确认客户信息的真实性,将客户在电子商务网络平台上的行为数据映射为企业和个人的信用评价。

通过以上大数据分析措施,阿里金融尽管采用"以日计息,随借随还,无担保无抵押"的操作模式,2013 年阿里小贷全年新增投放贷款 1 000 亿元,但不良率却小于 1%[38]。

1.4.5 精确营销

"大数据"时代已经降临,商业、经济及其他领域中的决策将会基于数据和分析而并非经验和直觉。利用海量数据和先进的数据挖掘技术研究客户行为特征并进行精准营销,为企业的营销决策提供可靠依据[39]。营销的终极追求就是无营销的营销,到达终极目标的过渡就是逐步精准化。个性化营销活动可以利用市场定量分析、信息技术等计划实现企业效益的最大化[40]。

沃尔玛是最早通过利用大数据而受益的企业之一。在 2007 年,沃尔玛建立了一个存储能力高达 4PB 的超大数据中心。通过对消费者的购物行为进行分析,使得沃尔玛不但成为最了解顾客购物习惯的零售商,而且创造了"啤酒与尿布"、"蛋挞与飓风用品"的经典商业案例。

国内也有成熟的精准营销案例。中国某互联网数据服务提供商推出了基于汽车领域的用户行为分析平台,平台记录着用户的网络浏览行为,包括访问轨迹、用户画像等。海量用户长时间、连续性的网上行为路径,将原本割裂的信息串联成一条完整的数据价值链条。平台不仅可以分析关注汽车资讯的用户行为,而且可通过 cookie 关联找到更广范围(如娱乐、美食、旅游、IT、科技、时尚)的用户,对营销指数性非常有价值,有很大增长空间。

　　大数据时代需要新技术支撑精准营销。精准营销中,数据处理时间要求在分钟甚至秒级,传统的数据仓库系统、数据挖掘等应用无法处理非结构化数据,也不能满足数据处理的实时性。Hadoop 的分布式处理机制实现了大数据的高效处理技术来抽取有用数据,为营销活动的进行提供有力的支撑。如图 1 - 20 所示,基于 Hadoop 的分布式文件系统实现了营销活动项目信息数据的分布式存储,通过数据分析来挖掘对营销感兴趣的客户,满足不断增长的客户信息的备份等需求[41]。

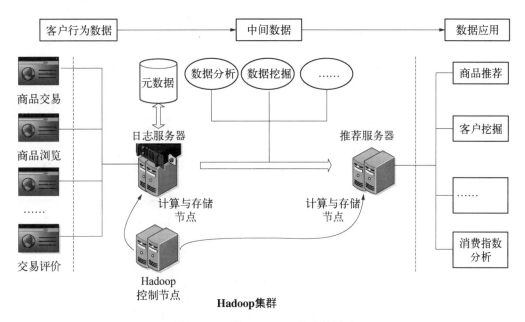

图 1 - 20　基于 Hadoop 的营销活动

　　基于 Hadoop 的 MQT(Materialized Query Tables,具体化查询表)方法利用云计算技术对营销决策分析所依赖的海量基础数据进行灵活地多维度的度量分析计算[42],实现了总体分析、占比分析、市场分析、排序分析,支持按工业、商业、品牌、价格等多视角的分析,解决了营销决策分析中由于数据量的巨大所造成的磁盘开销及分析性能瓶颈的问题,极大提高营销决策分析的运行速度、数据吞吐量以及数据库服务器磁盘的利用率,为营销决策分析提供强有力的运算、存储支持。

1.4.6　舆情分析

　　舆情是指在一定的社会空间内,围绕中介性社会事件的发生、发展和变化的过程中民众对社会管理者产生和持有的社会政治态度[43]。它是较多群众关于社会中各种现象、问题所表达的信念、态度、意见和情绪等表现的总和。网络舆情发展迅速,可能造成巨大的社会影响,已经引起了社会各界高度重视。

　　在大数据和移动互联网时代,随着社交媒体的深入民间,民间情绪和舆论的表达越来越多。因此,舆情分析势必成为支持决策的基本工具并且有着广阔的应用前景。通过数据采集将用户关注的网站信息自动收集,然后通过预处理,得到网页正文内容,对其主题进行分析,最后将分析结果进行发布,具体包括数据采集、数据预处理、舆情处理和舆情发布四个步骤:

(1)数据采集　数据采集是通过遍历用户关注的网站列表,抓取其网站内容,并且根据其源文件生成下级 URL 列表,将列表中网页源文件抓取出来存入数据采集数据库中。

(2)数据预处理　收集到的网页信息包含很多 HTML 标签等与正文内容无关的信息,因此需要对网页主题内容进行提取。网页主题内容的提取当前已经成为 Web 信息处理中的研究热点。通过研究表明,通过提取主题信息可以减少一半的浏览时间。对于网页分类来讲,网页主题提取是数据与处理中的至关重要的环节。与传统的中文文本相比,网页结构要复杂得多,网页文档中除了主题信息外往往包含很多"噪声"内容,这些"噪声"内容包括广告信息、超链接、图片和 Flash 等。

(3)舆情处理　通过对训练集进行特征提取以及向量表示,生成向量空间模型,然后与预处理文本进行比对,从而得出预处理文本的关键信息。

(4)舆情发布　通过文本或可视化方法对发现的舆情进行展示,并根据需求生成相应的舆情分析报告。

表 1-4 给出了一个微博舆情监控系统[44]的功能示例,该微博舆情监控系统由微博数据采集模块、微博数据预处理模块、微博舆情监控模块、舆情监控分析模块、索引存储模块、交互模块组成。

表 1-4　微博舆情监控系统组成

模 块 名 称	描　　　　　述
微博数据采集模块	采集微博博主信息和微博内容,包括微博信息采集、信息清洗过滤
微博数据预处理模块	信息抽取、网页消重、文本切词
微博舆情监控模块	市场分析、热点话题、关键字查询、热点博主、活跃博主追踪、地狱追踪、传播路径分析、走势分析、社会网络分析
舆情监控分析模块	文本表示、对索引库和 HBase 库里的数据进行聚类分析、社会网络分析等
索引存储模块	提供对 Hadoop 分布式数据(索引库、HBase 库、分析库)的操作接口
交互模块	实现用户交互功能,包括可视化、舆情报告

大数据时代,舆情数据已是海量数据,传统的处理方式显得力不从心,效率低下,难以达到实时监控和分析。利用分布式舆情分析的数据处理,可以解决舆情数据抓取与分析的难题,实现高性能的舆情数据挖掘。分布式舆情分析系统包括数据采集服务器、预处理服务器、分析服务器以及舆情数据仓库组成[45],如图 1-21 所示。

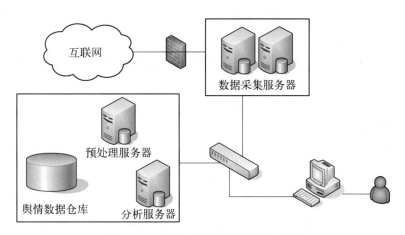

图 1-21 分布式舆情分析系统架构图

1.5 大数据对软件测试的挑战

1）大数据引起的软件变化

大数据由于其存在 4V 特征，使得基于大数据的软件也有着其自身的特点：传统的软件架构无法满足大数据处理的需求；大数据软件产生的结果是未知的；大数据软件的思维模式发生逆转[46]。

当今各界给出的大数据定义表达了一个共同的核心理念，即无法在合理时间内通过主流软件工具取得目标结果，其含义是大数据所代表的数据量已经超出软件的处理能力。其次，大数据分析的目的是寻求海量数据之间某种未知的甚至是不存在的逻辑关系，经过一系列数据分析处理后得到的结果往往出乎意料。传统软件处理的是确定关系（可以通过需求来确定）的数据，而大数据是寻求数据之间的关联关系，这些关联关系有些是符合因果关系，有些却不是必然的因果关系，甚至是截然相反的。例如雷阵雨之前，鱼儿会跳出水面。从因果关系看，雷阵雨是因，而鱼儿跳出水面是果。用大数据分析观点看，"雷阵雨之前，鱼儿跳出水面"这是一个存在概率很大的现象，两者之间存在关联性。是鱼儿跳出水面引起了雷阵雨，还是要下雷阵雨引起鱼儿跳出水面，这不是关注的重点。

2）软件测试的新挑战

由于大数据的新特性，以及由此带来软件的一些新的变化，给软件测试带来了新的挑战，其中最明显的问题包括：测试 ORACLE 问题、测试能力问题、测试结果的判定问题、隐私问题等[46]。

自从 1945 年历史上发现了第一个计算机缺陷，至今已有近 70 年的历史。软件测试出现"证伪"和"求真"两种，但是其基本前提都是在确定的输入下，存在确定的输出。测试需要将软件运行的实际结果和预期的结果相比较,从而得出软件运行正确与否,这个就是软件测试的 ORACLE 问题。

在大数据分析背景下,数据之间的相关性分析、数据的分类、数据聚类,以及个性化的推荐、趋势预测等典型应用场景都不存在确定的输出。从另一个角度看,很多应用输出结果,不存在对与错的区别,只存在好和差的区别。大数据分析的准确性很大程度上依赖于数据的输入和数据的分布特性。

数据的分布特性包含了数据之间的某种相关关系,这种相关关系必须在数据量达到一定的程度时才能反映出来。较大的数量才能反映隐含在其中的逻辑关系,在数据量少时,是无法感知的,输入数据的构建也将是一个重要的挑战。如果原来应用已经采用全部数据,是否有必要构造另一个和原来数据集等价的数据集? 毕竟构造一个全部输入数据将是一个巨大成本的工作。为了应对数据爆炸性增长,数据处理平台和数据分析平台应支持动态扩展。Apache 基金支持的 Hadoop 平台就是目前最著名的大数据处理系列,数据处理的软件可以架构于千万级服务器的资源上,如何搭建满足新型架构和超大规模的测试客户端,将会遇到极大的困难。

大数据对于隐私将是一个重大的挑战,用户的隐私会越来越多地融入各种大数据中,而各种数据来源之间的无缝对接以及越来越精准的数据挖掘技术,使得大数据拥有者能够掌控越来越多的用户和越来越丰富的信息。在挖掘这些数据价值的同时,隐私泄漏存在巨大风险。同时,由于系统故障、黑客入侵、内部泄密等原因,数据泄漏随时可能发生,从而造成难以预估的损失。因此,大数据时代,因数据而产生的安全保障问题、隐私问题非常严峻。

◇ 参 ◇ 考 ◇ 文 ◇ 献 ◇

［1］ 托夫勒 A. 第三次浪潮［M］. 北京:中信出版社,2006.

［2］ Temple K. What Happens in an Internet Minute? ［J］. Inside Scoop, 2012.

［3］ 黄舍予. 开启数字宇宙之门 ［J］. 计算机光盘软件与应用, 2013 (15).

［4］ Gantz J, Reinsel D. The digital universe in 2020:Big data, bigger digital shadows, and biggest growth in the far east ［J］. IDC iView:IDC Analyze the Future, 2012.

［5］ 张冬. 大话存储:网络存储系统原理精解与最佳实践［M］. 北京:清华大学出版社,2008.

［6］ Gartner, Big Data［EB/OL］. http://www. gartner. com/it-glossary/big-data/, ［2014 - 03 - 25］.

［7］ Manyika J, Chui M, Brown B, et al. Big data:The next frontier for innovation, competition, and productivity ［R］. McKinsey Global Institute, 2011.

［8］ 一个亚马逊数据科学家关于大数据时代的职业分析［EB/OL］. http://www. itongji. cn/article/0Z22H12013. html, ［2014 - 03 - 25］.

［9］ EMC. Big Data as Service［EB/OL］.
https：//www. emc. com/collateral/software/white-papers/h10839-big-data-as-a-service-perspt. pdf，
［2014 - 03 - 25］.

［10］ 维基百科. 大数据. http：//zh. wikipedia. org/wiki/大数据，［2014 - 03 - 25］.

［11］ 百度百科. 大数据. http：//baike. baidu. com/view/6954399. htm，［2014 - 03 - 25］.

［12］ NIST Big Data Definitions and Taxonomies［EB/OL］.
http：//bigdatawg. nist. gov/_uploadfiles/M0142_v1_3364795506. docx，［2014 - 03 - 25］.

［13］ 周宝曜，刘伟，范承工. 大数据：战略·技术·实践［M］. 北京：电子工业出版社，2013.

［14］ Demchenko Y. Defining the Big Data Architecture Framework(BDAF)［EB/OL］.
http：//bigdatawg. nist. gov/_uploadfiles/M0055_v1_7606723276. pdf，［2014 - 03 - 25］.

［15］ 刘小刚. 国外大数据产业的发展及启示［J］. 金融经济：下半月，2013（9）：224 - 226.

［16］ 中云网. 美国：大数据国家战略［EB/OL］.
http：//www. china-cloud. com/yunzixun/yunjisuanxinwen/20140107_22578. html，［2014 - 03 - 29］.

［17］ OBAMA ADMINISTRATION UNVEILS "BIG DATA" INITIATIVE：ANNOUNCES $200
MILLION IN NEW R&D INVESTMENTS.
http：//www. whitehouse. gov/sites/default/files/microsites/ostp/big_data_press_release_final_2.
pdf，［2014 - 03 - 29］.

［18］ 中国专利信息中心网. 日本政府启动新 ICT 战略研究［EB/OL］.
http：//www. cnpat. com. cn/show/news/NewsInfo. aspx？ Type = G&NewsId = 3019，［2014 -
03 - 29］.

［19］ 新华网. 英国"尝鲜"大数据时代［EB/OL］.
http：//news. xinhuanet. com/tech/2013 - 05/20/c_115834381. htm，［2014 - 03 - 29］.

［20］ 360doc 个人图书馆网. 迎接"大数据"时代联合国"全球脉动"项目［EB/OL］.
http：//www. 360doc. com/content/12/0828/15/21412_232810182. shtml，［2014 - 03 - 29］.

［21］ 上海科技网. 上海推进大数据研究与发展三年行动计划(2013～2015 年)［EB/OL］.
http：//www. stcsm. gov. cn/gk/ghjh/333008. htm，［2014 - 03 - 29］.

［22］ 重庆市政府网. 重庆市大数据行动计划［EB/OL］.
http：//www. cq. gov. cn/publicinfo/web/views/Show！ detail. action？ sid = 1111664，［2014 -
03 - 29］.

［23］ 百度百科. 技术成熟度曲线. http：//baike. baidu. com/view/9878589. htm，［2014 - 03 - 25］.

［24］ 中国计算机学会网. 中国大数据技术与产业发展白皮书(2013 年版)［EB/OL］.
http：//www. ccf. org. cn/sites/ccf/ccfziliao. jsp？ contentId=2774793649105，［2014 - 03 - 29］.

［25］ CCF 大数据专家委员会. 2014 年大数据发展趋势预测［J］. 中国计算机学会通讯，2014，10(1)：
32 - 36.

［26］ 全国信息技术标准化网. 关于对《信息技术 弹性计算应用接口》等四项国家标准(征求意见稿)征求
意见的函［EB/OL］.
http：//www. nits. org. cn/getIndex. req？action=quary&req=modulenvpromote&id=2420& type=
0&moduleId=83&sid=5，［2014 - 03 - 29］.

[27] 张心源，李白杨. 大数据的概念，技术及应用[J]. 创新科技，2013(9)：43－44.

[28] CSDN. 数据是奥巴马击败罗姆尼的最根本优势[EB/OL].
http://www.csdn.net/article/2012－11－13/2811856，[2014－03－27].

[29] GIGAOM. Data doesn't play politics-and most of it suggests Obama will win[EB/OL].
http://gigaom. com/2012/11/05/data-doesnt-play-politics-and-most-of-it-suggests-obama-will-win/，[2014－03－27].

[30] TECH2IPO. Nerds 大数据预测选情，赢尽美国大选 50 州[EB/OL].
http://tech2ipo.com/56446，[2014－03－27].

[31] COLORLINES. Obama Has 431 Ways to Win, Romney Has 76 Ways to Win[EB/OL].
http://colorlines.com/archives/2012/11/obama_has_431_ways_to_win_romney_has_76_ways_to_win_infographic.html，[2014－03－27].

[32] 谷歌网. Google 流感趋势[EB/OL]. http://www.google.org/flutrends，[2014－03－29].

[33] 谷歌网. Google 登革热流行趋势[EB/OL].
https：//www.google.org/denguetrends/intl/zh_cn/about/how.html，[2014－03－29].

[34] 淘宝网. 淘宝指数[EB/OL]. http://shu.taobao.com/，[2014－03－29].

[35] 互动中国网. 什么是大数据？漫谈大数据仓库与挖掘系统[EB/OL].
http://www.damndigital.com/archives/92540，[2014－03－29].

[36] 中国网. 邬贺铨院士：共享大数据须打破部门利益[EB/OL].
http://cppcc.china.com.cn/2013－11/04/content_30494845.htm，[2014－03－29].

[37] 百度百科. 阿里金融[EB/OL].
http://baike.baidu.com/view/9628956.htm，[2014－03－26].

[38] 阿里金融日息百万：大数据的力量[EB/OL].
http://www.21cbh.com/HTML/2013－1－21/yMNDE5XzYwODUyMA_2.html，[2014－03－26].

[39] 王波，吴子玉. 大数据时代精准营销模式研究[J]. 经济师，2013(5)：14－16.

[40] 王武伟. 精准营销：卷烟营销新思维[EB/OL].
http://wenku.baidu.com/view/523afd23bcd126fff7050bb3.html，[2014－04－15].

[41] 王欢美. 基于 Hadoop 应用的营销活动案研究[J]. 电脑编程技巧与维护，2013(16)：30－31.

[42] 王海飞，何利力. 基于 Hadoop 云计算的 MQT 在烟草营销决策分析中的应用[J]. 工业控制计算机，2012，25(12).

[43] 张超. 文本倾向性分析在舆情监控系统中的应用研究[D]. 北京：北京邮电大学，2008.

[44] 陈彦舟，曹金璇. 基于 Hadoop 的微博舆情监控系统[J]. 计算机系统应用，2013(4)：18－22.

[45] 四川省计算机研究院. 舆情分析系统技术方案[EB/OL].
http://wenku.baidu.com/view/3fb5ad6d7e21af45b307a8fd.html，[2014－04－16].

[46] 蔡立志. 大数据来临，软件测试准备好了吗[J]. 软件产业与工程，2013(5)：15－17.

## 第 2 章

面向大数据框架的测评

大数据的来源丰富、种类繁多,传统的数据处理技术无法满足大数据分析和处理的要求。在此背景下,以 Hadoop 为代表的各种大数据框架不断涌现,这些数据处理框架方便了大数据应用的编写,但是由于其分布性和封装性,给应用开发期间的单元测试带来了巨大挑战。另一方面,由于数据来源的多样性、数据形式的多元化,使得数据质量存在较大的差异,不正确或者不一致的数据可能严重影响分析效果。大数据系统性能对于大数据分析有着非常重要的作用,由于数据处理规模的差异,不同的应用对于处理系统的性能需求也存在巨大的差异,合理选择适合自身规模的系统,有利于提升投资的性价比。结合大数据处理的几个方面的测试需求,本章将介绍 Hadoop 大数据处理框架的单元测试、大数据的数据清洗和数据质量评估框架以及大数据的基准性能测试技术。

2.1 概述

大数据数据处理流程一般如下:使用相关工具对分布广泛的非结构化的数据源进行抽取和集成,采用合适的标准对结果进行统一存储,利用数据分析的相关技术分析存储的数据,从所存储的数据中选择有用的内容并通过恰当的方式提供给大数据应用,如图 2-1 所示[1]。

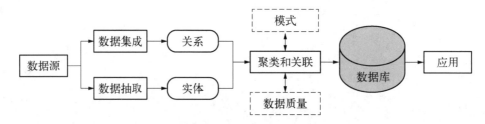

图 2-1 大数据的数据处理流程

多样性是大数据的一个重要特性,包括广泛的数据来源和复杂的数据类型。在处理大数据的过程中,复杂的环境会让处理变得极富有挑战性。在处理大数据之前需要对来自不同数据源的数据作数据处理,包括数据抽取和数据集成。通过数据集成与数据抽取操作提取出关系与实体,对其进行关联和聚类的相关操作后,采用统一定义的结构存储这些数据。数据清洗操作一般在数据集成操作与数据抽取操作之前进行,保证数据质量与可行性。

数据处理的核心部分包括数据抽取、数据集成以及数据清洗。数据抽取的相关研究在传统数据库领域中已经较为成熟,并且数据集成相关的方法也随着新数据源的涌现而不断发展。从数据集成模型来看,目前数据抽取与集成的方式大致可以分为以下四种类型[2]:基于物化(Materialization)或 ETL 方法的引擎(ETL Engine)、基于数据流方法的引擎(Stream Engine)以及基于搜索引擎的方法(Search Engine)。数据主要是面向某一主题的不同数据源的集合,这些数据从多个业务系统中抽取而来并且包含历史数据,因此会出现数据错误、数据冲突等问题,这些有问题的数据通常被称为"脏数据"。数据清洗是指通过一定的规则将"脏数据"洗掉,规则包括检查数据一致性、处理无效值和缺失值等[3]。

大数据处理过程的核心是数据分析,数据分析的数据来源于对不同数据源的抽取与集成。针对不同应用需求,从数据中选择全部或者部分数据进行分析。在大数据应用中,传统数据分析技术诸如数据挖掘、机器学习、统计分析等需要做出调整,以适应大规模处理框架的需要。

2.2 面向数据质量的测评

2.2.1 数据质量

对于大数据环境下的企业或者公司而言,每天需要处理的数据量是惊人的。只有获得可靠、准确、及时并且高质量的数据,才能够充分发挥大数据的优势。由于大数据复杂的数据来源与数据结构为数据质量带来了许多挑战,因此大数据环境下数据质量相关的问题是值得研究和关注的。

1) 数据质量定义

目前数据质量还没有统一的定义形式,相关资料从不同角度以及应用范围定义了数据质量。例如:数据质量是信息系统对模式和数据实例的一致性、正确性、完整性和最小性的满足程度[4]。数据质量是数据适合使用的程度[5]。数据质量是数据满足特定用户期望的程度[6]。存在数据质量指示器和数据质量参数两类数据质量衡量指标,用户根据应用的需求选择其中一部分,在此基础上提出数据质量的需求分析和模型[7]。

(1) 数据质量包括数据本身质量与数据过程质量。数据的绝对质量为保证数据质量提供了基础,通常包括以下几方面:

① 数据真实性:数据真实并且准确地反映实际的业务。

② 数据完备性:数据充分,没有遗漏任何有关的操作数据。

③ 数据自治性:数据不是孤立存在而是通过不同的约束互相关联,在满足数据之间关联关系的同时不违反相关约束。

(2) 数据过程质量是在使用和存储数据的过程中产生的,包含了以下几方面:

① 数据使用质量:数据被正确地使用。如果通过错误的方式使用正确的数据,将不会

得出正确的结论。

② 数据存储质量：数据被安全地存储在合适的介质中。安全是指采用比较适当的方案或者技术来抵制外来因素，以免数据遭到破坏。安全处理中最常用的技术是数据备份，如异地数据备份或者双机数据备份。存储在合适的介质中指数据在需要的时候可以方便及时地取出。

③ 数据传输质量：在传输过程中数据传输的效率以及数据正确性。数据在互联网或者广域网中的传输越来越普遍，因此有必要在传输过程中保证满足处理能力的传输效率。

2) 数据质量问题的分类

在大数据处理的过程中，数据需要经过人员交互、计算以及传输等操作，每一环节都会出现错误并产生数据异常，导致数据质量问题。大数据的数据源来源广泛包括单数据源和多数据源，不同的数据源导致数据质量问题出现在不同的位置。数据质量问题可分为单数据源模式层、单数据源实例层、多数据源模式层和多数据源实例层这四类问题，表 2-1 列出了每一类典型的数据质量问题[8]。

表 2-1 数 据 质 量

单数据源数据质量问题	模式层	缺少完整性约束，糟糕的设计模式： (1) 缺少唯一性约束； (2) 缺少引用约束
	实例层	数据记录错误： (1) 拼写错误； (2) 相似重复记录； (3) 互相矛盾的字段
多数据源数据质量问题	模式层	异质的数据模型和模式设计： (1) 命名冲突； (2) 结构冲突
	实例层	冗余、互相矛盾或不一致的数据： (1) 不一致的汇总； (2) 不一致的时间选择

可以从模式层与实例层两方面考虑单数据源数据质量问题。模式层中的主要问题是由不完整约束和差的设计模式所致。很多单数据源诸如文件、Web 数据等，缺乏数据模式和统一的模式规范，因而更容易发生错误或者不一致的问题。数据库系统虽然拥有特定的数据模型与完整性约束，但是缺乏完备的数据模型或者某种特定的完整性约束也会产生数据质量问题。实例层的问题在模式层次上是不可见的，因此无法通过改进模式避免问题的发生。许多人为的失误诸如拼写错误、相似重复记录等也会引发实例层的问题。比如某个字段是自由格式的字符串类型，地址信息或者参考文献等其他类型的内容也可能存储到该字段中。

多数据源中的数据质量问题比单数据源中的数据质量问题更加复杂,表2-1中的多数据源数据质量问题中没有重复列出在单数据源中已经出现的问题。对于多数据源中的模式层而言,除了糟糕的模式设计外,还有命名冲突以及结构冲突等问题。其中,命名冲突指的是不同对象使用相同名称或者同一对象使用不同名称;结构冲突是指同一对象诸如字段类型、组织结构以及完整性约束,在多数据源中因表达方式不同而引起的问题。在多数据源中,模型与模式是不同的问题,会导致数据汇总中的质量问题。因此,对于多数据源中的实例层而言,除发生单数据源中出现的问题外,还会出现矛盾数据或者不一致的问题。多数据源中对相同内容的不同表达方式也会带来问题,例如在性别字段,有些数据源采用"0、1"方式表示,有些数据源采用"F、M"方式表示。

3) 数据质量控制方法及实现

从对数据仓库自身数据的监控到对数据形成过程的管理,数据仓库中用于数据质量控制的方法有很多,但不论何种方法,面向数据仓库的长期建设,必须建立有效的数据质量评估体系。数据质量将逐渐与企业业绩和价值挂钩,企业应当开始采用合适的方法来评估其数据质量的能力和成熟度,因此提出了数据质量成熟度模型的评估理论[9]。而针对专门的数据质量模型进行计算的质量评估软件也不能适应动态性的需求的现象,它将质量模型的描述作为元数据进行定义,在一个质量元模型下,可以定义多个质量模型。在此基础上提出了一个可扩展的数据质量控制元模型,该元模型是对企业数据质量模型的抽象,由核心层、初始层和扩展层组成,目的是为企业的数据质量体系定义提供一个完整的框架[10]。

2.2.2 数据预处理

数据预处理通常是指在处理数据之前对数据的处理,包括从原始数据库到挖掘数据库的过程中对数据进行的操作。使用数据预处理技术能够提高数据质量,减少实际处理数据的时间。数据预处理一般包含以下几个步骤:

1) 数据清洗

数据清洗主要是用诸如数理统计、数据挖掘或预定义等相关技术,将"脏数据"转换为满足数据质量要求的数据[11]。数据清洗所处理的主要问题有:空缺值、错误数据、孤立点和噪声,其工作原理如图2-2所示。

"脏数据"不但扭曲了数据信息,而且严重影响数据分析与处理的运行效果,进而影响数据挖掘的效能和决策管理。为了让数据的记录更加准确、一

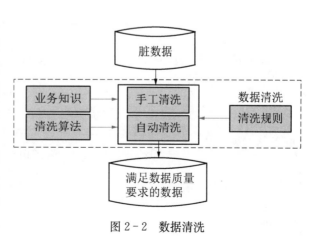

图2-2 数据清洗

致,消除重复和异常的数据记录的工作就变得很重要。因此,数据预处理的工作是很有必要的。数据清洗是数据预处理中的重要环节,是清除数据错误与数据不一致的过程,在建立数据生命周期的过程中占据着重要的位置。通过数据清洗可以过滤和修改不符合要求的数据。通常不符合要求的数据有三类:

(1) 数据缺失　数据缺失一般有两种情况:数据中拥有大量缺失值的属性以及数据的重要属性存在少量的缺失值。对于前者,可以采用删除的操作去除缺失的属性;对于后者而言,需要采用数据补充的方法将数据补充完整后再进行数据挖掘操作。同样,对于两种不完整的数据特征,在数据清洗时采用两种填补方案:用相同的常数替换缺失的属性值,如"Unknown";用该属性最可能的值填充缺失值。

对缺失的数据进行填补后,错误的填充值会导致数据出现偏置,因而不是完全可靠的。填充法使用了属性已有的大部分数据信息来预测缺失值。在估计缺失值时,考虑了属性值的整体分布频率,从而保持属性的整体分布状态。

(2) 数据错误　当业务系统不够健全时,容易产生数据错误。对输入的数据没有判断便直接写入数据库,比如数值数据输入成全角字符,字符串数据之后还有回车操作,日期格式不正确等。

(3) 数据重复　当出现数据重复的情况时,用户可以将重复的数据字段导出来确认并整理。MapReduce 可以实现数据去重。利用 Map 将需要去重的数据作为一个<key, value>值,经过 shuffle 后输入到 Reduce 中并利用值(key)的唯一性直接输出值(key),核心代码如下:

```
public static class MyMapper extends Mapper<Object, Text, Text, Text>{
        @Override
        protected void map(Object key, Text value, Context context)
                throws IOException, InterruptedException {
                context.write(value, new Text(""));
        }
}


public static class MyReducer extends Reducer<Text, Text, Text, Text>{
        @Override
        protected void reduce(Text key, Iterable<Text> value,
                Context context)
                throws IOException, InterruptedException {
        context.write(key, new Text(""));
        }
}
```

2）数据集成/数据变换

数据集成是指从逻辑上或者物理上将来源、格式以及特点性质各不相同的数据有机地集中起来，为数据挖掘提供比较完整的数据源。在数据集成过程中需要考虑的问题如表2-2所示。

表2-2 数据集成问题分类

问 题 类 型	问 题 描 述
数据表连接不匹配	来自多个数据源中的数据表需要通过相同的主键进行自然连接。当表中的主键不匹配时，出现无法连接的现象
冗 余	在连接数据表的过程中，没有对表中的字段严格选择后就连接，造成了大量的冗余
数据值冲突	不同数据源中不同的属性值导致数据表连接字段的类型或者数据记录出现重复

将不同数据源中的数据表（集合 A 与集合 B）做连接时，常用的操作如表2-3所示。

表2-3 数据表连接的常用操作

操 作 名 称	描 述
Inner Join	只有同时出现在 A 和 B 中的字段，才会出现在最终的结果集中
Outer Join	无需同时出现在 A 和 B 中，出现在任意一个集合中的字段就可能出现在结果集合中
Left Outer Join	位于 Left 的集合会出现在最终结果集合里，如果 Right 的集合没有，最终出现的记录为 null
Right Outer Join	位于 Right 的集合会出现在最终结果集合里，如果 Left 的集合没有数据，最终出现的记录为 null，和 Left Join 意义一致，只是内容相反
Full Join	A 和 B 集合中的数据都会出现在最终结果中
Anti Join	结果集是 Full Join 的结果减去 Inner Join 的结果
Cross Join	对应于 SQL 中的 cross join 的结果

现在假设有两张表，分别为 factoryname（表2-4）和 address（表2-5）。

表2-4 factoryname 表

factoryname	addressID
BMW Factory	2
Benz Factory	3
Volvo Factory	4
Volwswagen Factory	5

表 2 - 5　address 表

addressID	addressname
2	Beijing
3	Guangzhou
4	Shenzhen
5	Shanghai

根据 address ID 关联得到 factoryname-address 表,只需要左右关联 factoryname 和 address 表,便可得到结果,可以参考以下代码:

```
public static class MTMapper extends Mapper<Object, Text, Text, Text> {
    @Override
    protected void map(Object key, Text value, Context context)
                throws IOException, InterruptedException {
        String relation = new String();
        String line = value.toString();
        if(line.contains("factoryname")||line.contains("addressID")) return;
        int i = 0;
        while(line.charAt(i)<'0'||line.charAt(i)>'9'){
            i++;
        }
        if(i>0){//左表
            relation = "1";
            context.write(new Text(String.valueOf(line.charAt(i))),
                new Text(relation + line.substring(0,i-1)));
        } else {//右表
            relation = "2";
            context.write(new Text(String.valueOf(line.charAt(i))),
                new Text(relation + line.substring(i+1)));
        }
    }
}

public static class MTReducer extends Reducer<Text, Text, Text, Text> {
    @Override
    protected void reduce(Text key, Iterable<Text> value,Context context)
                throws IOException, InterruptedException {
```

```
if(times = = 1){
    context.write(new Text("factoryName"), new Text("Address"));
    times + + ;
}
int factoryNum = 0;
int addressNum = 0;
String[] factorys = new String[10];
String[] addresses = new String[10];

for(Text t: value) {
    if(t.charAt(0) = = '1') {//左表
        factorys[factoryNum] = t.toString().substring(1);
        factoryNum + + ;
    } else {//右表
        addresses[addressNum] = t.toString().substring(1);
        addressNum + + ;
    }
}

for(int i = 0;i<factoryNum;i + + ) {
    for(int j = 0;j<addressNum;j + + ){
        context.write(new Text(factorys[i]), new Text(addresses [J]));
    }
}
}
}
```

数据变换是数据清洗过程中重要的一步，是对数据的标准化处理。不同数据源得到的数据可能不一致，因此需要进行数据变换构成适合数据挖掘的描述形式。通常数据变换需要处理的内容如表 2-6 所示。

表 2-6 数据变换处理的内容

数 据 分 类	描　　　　述
属性的数据类型转换	当属性之间的取值范围可能相差很大时，要进行数据的映射处理，映射关系可以与平方根、标准方差以及区域对应。当属性的取值类型较小时，分析数据的分布频率，然后进行数值转换，将其中字符型的属性转换为枚举型

（续表）

数 据 分 类	描　　　述
属性构造	根据已有的属性集构造新的属性,以帮助数据挖掘过程
数据离散化	将连续取值的属性离散化成若干区间,来帮助消减一个连续属性的取值个数
数据标准化	不同来源所得到的相同字段定义可能不一样

3）数据规约

采用数据规约技术可以获得数据集的简化表示(简称近似子集),并且近似子集的信息表达能力与原数据集非常接近。对经过数据规约预处理后的数据集进行挖掘,可以得到相似的分析结果,但是大大提高了效率。数据规约是在保持初始数据完整性的前提下对数据的规约表示,一般采用属性选择法和实例选择法,或者结合两者一起使用[12]。

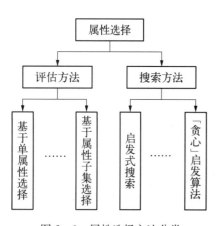

图 2-3　属性选择方法分类

（1）属性选择　属性选择是根据用户的指标选择一个优化属性子集的过程。优化属性子集可以是属性数目最小的子集,也可以是含有最佳预测准确率的子集。属性选择方法包括属性评估方法与搜索方法,如图 2-3 所示。

（2）实例选择　实例选择是使用部分数据记录代替原来所有的数据记录进行数据挖掘,减少了挖掘时间和降低了挖掘资源的代价,获得了更高效的挖掘性能。实例选择主要通过采样数据集实现,包括简单随机采样、等距采样、起始顺序采样、聚类采样和分层采样等。

2.2.3　数据质量测评

1）数据清洗框架和工具

数据清洗研究通常针对比较特定的领域,因此数据清洗框架的通用性、扩展性会受到限制。为了使数据清洗具有一定的通用性,越来越多的人开始了对数据框架的相关研究。文献[12]提出了数据清洗的框架,该框架将逻辑规范层与物理实现层分离开来,并围绕该框架提出了数据清洗的模型和语言。AJAX 模型是逻辑层面的模型,将数据清洗分为映射、匹配、聚集、合并、跟踪 5 个过程[13]。目前数据清洗工具种类繁多,功能也呈现出多样化。常用的数据清洗工具相关比较如表 2-7 所示[14]。

表 2 – 7　常用的数据清洗工具

工　具　名　称	厂　商	功　　能
DATACLEANSER	EDD	用来确认重复和消除的工具，通常要求匹配的数据源已经被清洗
MERGE/PURGE LIBRARY	Sagent QMSoftware	
MATCHIT	HelpTSystems	
ASTERMERGE	PitneyBowes	
IDCENTRIC	FirstLogic	名称和地址在多个数据源中被记录，通常具有很高的基数。比如，对于用户关系管理，找到客户是很重要的。这些商业工具就是用来清洗这样的数据。它们提供了诸如提取和转换名称地址信息到个人标准、规范街道名称、城市和邮编等技术，和基于数据清洗过的数据衍生的匹配功能联合来实现的
PUREINTEGRATE	Oracle	
QUICKADDRESS	QASSystem	
REUNION	PitneyBowes	
TRILILIUM	Trillium Software	
DATASTAGE	Informix Ardent	针对系统的各个环节可能出现的数据二义性、重复、不完整、违反业务规则等问题，允许通过抽取，将有问题的记录删除，再根据实际情况调整相应的清洗操作
DECISIONBASE	CA/Platinum	系统维护：表或模型的修改； 应用分析：指标管理、血统分析、影响分析、表重要程度分析、表无关程度分析
WAREHOUSEADMINISTRATOR	SAS	建立数据仓库的集成管理工具，包括定义主题、数据转换与汇总、更新汇总数据、元数据管理和数据集市的实现
Visual Warehousing	IBM	IBM 公司推出的一个创建和维护数据仓库的集成工具，可以定义、创建、管理、监控和维护数据仓库，也可以自动地把异质数据源抽取到中央集成的数据仓库管理环境中
ORACLE Warehouse Builder	ORACLE	用于全方位管理数据和元数据的综合工具。提供对数据和元数据的数据质量、数据审计、完全集成关系和建模以及整个生命周期的管理
DTS	SQL Server	提供数据输入/输出和自动调度功能，在数据传输过程中可以完成数据的验证、清洗和转换等操作
MIGRATION ARCHITECT	Evoke Software	少量商业数据压缩型工具之一。对每一个属性来说，它决定了以下真实元数据：数据类型、长度、基数性，离散值和他们的百分比，最小值和最大值，丢失的值和唯一性

（续表）

工　具　名　称	厂　　　商	功　　　能
WIZRULE	WizSoft	通过现实检验过的列的数目来推断属性和它们的值与计算可信度的关系。WIZRULE 能显示三种规则：if-then 规则，基于拼写的规则与发现规则
DATAMINGSUITE	Information Discovery	通过现实检验过的列的数目来推断属性和它们的值与计算可信度的关系
INTEGRITY	Vality	利用发现的模式和规则来制定和完成清洗转换

银行数据仓库中的数据清洗的流程如图 2-4 所示。在测试银行数据仓库清洗框架的过程中，可以结合银行的环境特点设计出合理的数据处理框架。如图 2-5 所示，框架包含三层：概念定义层、逻辑规范层和物理实现层。

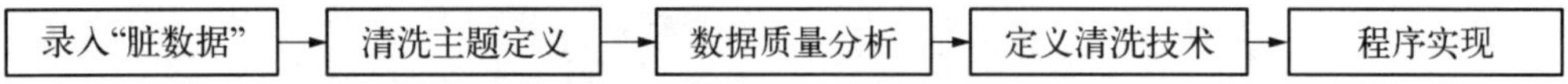

录入"脏数据" → 清洗主题定义 → 数据质量分析 → 定义清洗技术 → 程序实现

图 2-4　银行数据清洗流程

图 2-5　银行数据清洗框架图

（1）业务主题　定义了数据清洗的主题以及数据质量需求。以银行为背景，根据数据仓库项目的需求定义了：用户资料清洗、产品和服务清洗、业务套餐清洗、理财记录清洗、信用记录清洗及其相应数据质量需求。

（2）逻辑规范　将概念转换为业务逻辑，描述数据流，并且实现业务逻辑向处理逻辑的转换。例如,客户资料清理可以划分为:核对有效客户数,数据源间的客户资料对比及核实,补充缺失的客户关键字段,进行客户属性编码的统一和客户归并与切割等五个步骤,根据每个步骤对质量的需求,将业务需求转换为相应的处理逻辑,例如,客户归并与切割可映射到重复记录查找,数据备份/恢复/删除,聚类/孤立点检测等处理逻辑。

(3) 算法实现　实现具体的清理程序以及算法,进行数据错误的修正和迁移,以及异常发生后人为干预是物理实现层的主要功能。

2) 数据清洗评估

数据质量可以在许多方面进行定义,并关系到不断变化的用户需求。同一个数据的质量可能被一个用户所接受而另一个用户无法接受,在 2010 年可接受的数据质量可能在 2013 年是无法接受的。数据质量差的一个必然结果是,利用这些数据得出结论并做出决策会产生风险。这些数据用于指定的用途时也可能会产生意想不到的后果,导致实际损失。因此,通常会参照高质量的数据特征来分析数据质量是否合格,一般通过以下几方面评价数据质量[15]。

(1) 相关性　数据质量的一个关键指标是信息是否满足其客户的需求。如果没有数据相关性指标,那无论数据的其他指标有多好,客户都会认为数据不足以满足要求。这并不是说不相关的信息就是"质量差",而是表示该信息属于不同的信息类别。在某些情况下,"质量差"的信息实际上可能是相当不错的,需要的只是教客户如何去了解它、使用它。

(2) 准确性　准确的信息能反映基本现实,并且高质量信息应该是准确的。在实际中,用于不同目的的信息需要不同级别的精确度,并且信息甚至有可能过于精确。信息不准确导致的相关问题发生在许多信息系统中,而当信息的准确程度超过其客户的处理能力时,信息就过于准确了。这样会提高信息系统的成本,使系统可信度降低,甚至由于误解信息而造成信息的误用或遗弃。

(3) 及时性　及时的信息是指没有延误的信息。信息的及时性和信息的准确性密切相关,隐含了一个动态的过程:新的信息取代旧的信息。信息的时间周期决于新信息被处理并传送给它的顾客的时间。基于时间的竞争和减少相应操作周期的需要增加了对及时信息的需求。

(4) 完整性　不完整的信息将会误导客户,但是同一个信息对一个人来说是完整的,可能对另一个人来说是不完整的。正如信息的精度超过了客户的处理能力可能是太精确,也可能是太完整。

(5) 一致性　一致性是指信息之间可以很好地整合在一起,并保持与信息本身一致。信息可能因为不相关的细节、容易误解的度量或不明确的格式而变得不一致,导致客户无法接收,甚至拒绝该信息。虽然信息可以是内在不一致的,但不一致的信息通常表现为准确性或及时性错误。

(6) 格式　信息格式即信息结构是指信息是如何呈现给客户,通常可以分为基本形式和上下文解释。对信息采用适当的格式取决于客户和信息的使用。上下文解释也是查看信息时重要的一步,例如当一个公司将自己的表现与行业或世界级领导者进行比较时,它旨在使用这些信息的上下文。

(7) 可用性 可用性是指信息可以在需要时获得,取决于客户或者客户的具体情况。对于信息质量而言,及时性和可用性应该是相辅相成的,因为获得过时的信息或未能及时获得有效信息都无法满足用户的需求。

(8) 兼容性 数据质量不仅在于数据本身的质量,而且在于如何结合其他数据一起使用。高质量数据意味着可以结合其他数据以满足客户不断变化的需求。

(9) 有效性 数据质量有效性是指数据是真实的,并且可以满足相关方面的标准,诸如准确性、及时性、完整性和安全性。数据质量有效性是一种结果性的而不是原因性的信息质量指标。

2.3 分布式数据模型及测试

2.3.1 框架

Hadoop 是最著名的大数据处理框架之一,它以可靠、高效、可伸缩的方式进行大数据的储存、处理和分析。Hadoop 由 Apache 基金会开发,在其实现的过程中,借鉴了 Google 的三大核心组件,即 GFS、MapReduce 和 BigTable。用户在开发分布式大数据处理程序时,无需了解分布式底层细节,就可以充分地利用大规模集群进行高速运算与存储。Hadoop 的应用正在从互联网行业逐渐向电信、金融、政府、医疗等传统行业拓展。一般来说,Hadoop 具有如下几方面的特征[16]:

(1) 扩容能力 通过大规模的分布式服务集群可靠地存储和处理 PB 级别数据。

(2) 成本低 通过大量通用计算机组成的服务集群分发和处理数据,服务集群中的节点可以高达数千个。

(3) 高效率 通过服务集群分布数据后,在数据所在的节点中并行地处理这些数据,大大提高了处理效率。

(4) 可靠性 自动维护复制多份数据,并在任务执行失败后自动重新部署计算任务。

Hadoop 的核心是 HDFS(Hadoop Distributed File System,Hadoop 分布式文件系统)与 MapReduce,为用户提供了系统底层透明的分布式基础架构。Hadoop 核心项目如图 2-6 所示。

2006 年 2 月,Hadoop 从 Nutch 引擎项目中分离出来,成为一套完整而独立的项目,

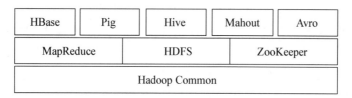

图 2-6　Hadoop 核心项目

2008 年年初成为 Apache 的顶级项目,被包括雅虎在内的很多互联网公司采用。现在,Hadoop 已经发展成为包含 HDFS、MapReduce、Pig、ZooKeeper 等子项目的生态圈,用于处理和分析大数据,各个子项目的功能如表 2-8 所示[17]。

表 2-8　Hadoop 相关项目

编号	项目名称	功　能　描　述
1	Common	一组分布式文件系统和通用 I/O 的组件与接口(序列化、JAVA、RPC 和持久化数据结构)
2	MapReduce	分布式数据处理模型和执行环境,运行于大规模的通用计算机集群
3	HDFS	Hadoop 分布式文件系统,运行于大规模的通用计算机集群
4	Zookeeper	分布式、可用性高的协调服务,提供分布式锁之类的基本服务用于构建分布式应用
5	HBase	分布式、按列存储的数据,使用 HDFS 作为底层存储,同时支持 MapReduce 的批量式计算和点查询(随机读取)
6	Pig	数据流语言和运行环境,用以检索非常大的数据集,运行在 MapReduce 和 HDFS 的集群上
7	Hive	分布式、按列存储的数据仓库,管理 HDFS 中存储的数据,并提供基于 SQL 的查询语言用以查询数据
8	Mahout	在 Hadoop 上运行的可扩展的机器学习和数据挖掘类库(例如分类和聚类算法)

2.3.2　数据模型

在整个 Hadoop 的体系中,最底层的是两个抽象实体,分别是 HDFS 与 MapReduce。MapReduce 能够在整个集群上执行 Map 和 Reduce 任务并报告结果。HDFS 通过定义来支持大型文件,并且提供了一种支持跨节点复制数据以进行处理的存储模式[18, 19]。

MapReduce 采用主/从架构(Master/Slave),主要包含以下几个组件:Client、JobTracker、TaskTracker。用户编写的 MapReduce 程序通过 Client 提交到 JobTracker 端;JobTracker 主要负责资源监控和作业调度。TaskTracker 周期性地通过心跳机制(Heartbeat)将本节

点上的资源使用情况和任务运行进度汇报给 JobTracker,同时接收 JobTracker 发送过来的命令并执行相应的操作。任务(Task)分为 Map 任务(Map Task)和 Reduce 任务(Reduce Task)两种,均由 TaskTracker 启动[20]。

MapReduce 先对用户提交的数据进行分块,然后交给不同的 Map 任务进行处理,具体过程如图 2-7 所示。Map 任务从输入中解析出键值对集合,通过对这些集合执行用户自定义的 Map 函数得到中间结果,并将结果写入到本地硬盘中。Reduce 任务是从硬盘上读取数据并根据键值排序,将键相同的值组织集中在一起。然后由用户定义的 Reduce 函数对结果进行排序,并输出最后结果。

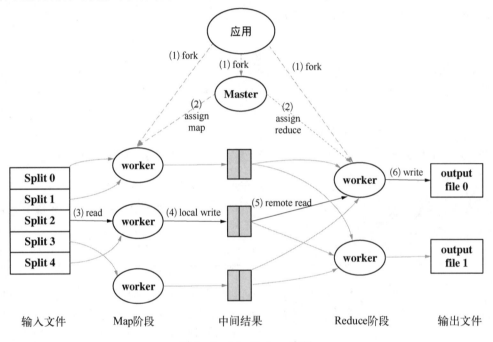

图 2-7 MapReduce 流程

由图 2-7 可知,数据块是 MapReduce 程序工作的基础,其中数据输入块构成了MapReduce 中 Map 任务的输入单元。通常一个 MapReduce 作业会由几个或者几百个任务组成。Map 任务可能会读取整个文件,也可能读取文件中的某一部分。默认情况下,MapReduce 以 64 MB 作为基数拆分文件。

在处理较大作业时,通过分块可以并行处理作业,从而提高了效率并获得了很高的性能。但是有些数据格式不支持数据块的处理方式,因而用户需要自定义数据格式。通常输入格式定义了组成 Map 阶段的 Map 任务列表,每个 Map 任务对应一个输入块。Map 任务会根据输入文件块的物理地址被分配到相应的系统节点上,经常出现多个 Map 任务被分配到相同的节点上。系统节点在 Map 任务分配完成后开始以并行化的方式运行,其中最大并行的任务数量可以通过 mapred. tasktracker. map. tasks. maximum 参数进行控制。表 2-9列出了常见的三种数据输入格式。

表 2-9　MapReduce 提供的输入格式

输 入 格 式	描　　　　　述
TextInputFormat	在文本文件中的每一行均为一个记录。该输入格式为默认的输入格式。其中键为一行的字节偏移,而值为一行的内容。 键类型:LongWritable 值类型:Text
KeyValue TextInputFormat	在文本文件中的每一行均为一个记录。以每行的第一个分隔符为界,分隔符之前的是键,之后的是值。分离器在属性 key. value. separator. in. input. line 中设定,默认为制表符(\t) 键类型:Text 值类型:Text
SequenceFileInputFormat<K, V>	存储二进制的键值对的序列。用于读取序列文件的输出格式。键和值由用户定义 键类型:K(用户定义) 值类型:V(用户定义)

Hadoop 的输出文件内容来自 OutputCollector 中的键值对,输出内容的写入方式由输出格式控制。Hadoop 提供的 OutputFormat 的实例会将输出文件写在本地磁盘或者 HDFS 上,这些输出文件类均是继承公共的 FileInputFormat 类。通常每个 Reducer 会把结果输出到公共文件夹中的单独文件内,并且采用"part-nnnnn"的方式为这些文件命名。nnnnn 是指与 Reduce 任务的 partition 相关联的 ID。通过 FileOutputFormat. setOutputPath() 可以设置输出路径,并通过 MapReduce 作业中 JobConf 对象的 setOutputFormat() 方法设置输出格式。表 2-10 给出了 MapReduce 提供的输出格式[21]。

表 2-10　MapReduce 提供的输出格式

输 出 格 式	描　　　　　述
TextOutputFormat	默认的输出格式,以"key \t value"的方式输出行
SequenceFileOutputFormat	输出二进制文件,可作为后继的 MapReduce 作业的输入
NullOutputFormat	忽略收到的数据,即不做输出

2.3.3　单元测试

MapReduce 封装了大量的基础功能,方便了用户编程,但给 MapReduce 的单元测试带来很大的挑战。Hadoop 框架在运行过程中输入 Map 与 Reduce 的参数对象,例如 OutputCollector、Reporter 以及 InputSplit 等。Couldera 公司开发的 MRUnit 是针对

MapReduce 的单元测试框架，其基本原理是 JUnit4 与 EasyMock，MR 是 Map 与 Reduce 的缩写。MRUnit 结构简单，依赖于 JUnit 的单元测试功能，通过实现 Mock 对象控制 OutputCollector 操作并且拦截 OutputCollector 的输出，对比期望结果以达到自动断言的目的。

针对不同的测试对象，MRUnit 使用以下几种 Driver[22]：

(1) MapDriver 测试单独的 Map。

(2) ReduceDriver 测试单独的 Reduce。

(3) MapReduce Driver 将 Map 与 Reduce 结合起来测试。

(4) PipelineMapReduceDriver 将多个 Map-Reduce pair 结合起来测试。

从 Apache 下载 MRUnit 最新版本的 jar 包，并将 jar 包添加到 Hadoop 的 IDE Classpath 路径中。假设通过 MapReduce 分析一个电话记录，其格式如表 2-11 所示。

表 2-11 电话记录内容

CDRID	CDRType	Phone1	Phone2	SMS Staus Code
595877	1	747382938472839	898783728372812	5
462198	0	342839402839482	238473920384932	3
737283	1	232329483034893	384938271928374	2

对以上应用分析所有记录，查找所有 CDRType 为 1 的记录，并根据 SMS Status Code 分别进行统计。其中 Mapper 的输入如下：

```
5,1
2,1
```

Reducer 将其作为输入，并统计具有相同的 SMS Status Code 记录数量。其中 Mapper 代码如下：

```
public class SMSCDRMapper extends Mapper<LongWritable, Text, Text, IntWritable> {
    private Text status = new Text();
    private final static IntWritable addOne = new IntWritable(1);

    // Returns the SMS status code and its count
    protected void map(LongWritable key, Text value, Context context)
        throws java.io.IOException, InterruptedException {
        String[] line = value.toString().split(";");
```

```
        if (Integer.parseInt(line[1]) = = 1) {
          status.set(line[4]);
          context.write(status, addOne);
        }
      }
    }
```

Reducer 代码如下:

```
public class SMSCDRReducer extends Reducer<Text, IntWritable, Text, IntWritable> {
  protected void reduce(Text key, Iterable<IntWritable> values, Context
context)
  throws java.io.IOException, InterruptedException {
    int sum = 0;
    for (IntWritable value : values) {
      sum + = value.get();
    }
    context.write(key, new IntWritable(sum));
  }
}
```

针对以上的 Map,可以编写相关的测试代码,通过 withInput 模拟输入一行"595877;1;
747382938472839;898783728372812;5",其对应的期望为输出(withOutput)。如果输入的
数据经过 Map 计算之后为期望的结果:SMS Status Code 为 5、CDRType 为 1,则测试通
过。在测试代码中,需要包括以下的公共 import 语句。

```
import   java.util.ArrayList;
import   java.util.List;

import   org.apache.hadoop.io.IntWritable;
import   org.apache.hadoop.io.LongWritable;
import   org.apache.hadoop.io.Text;
import   org.apache.hadoop.mrunit.mapreduce.MapDriver;
import   org.apache.hadoop.mrunit.mapreduce.MapReduceDriver;
import   org.apache.hadoop.mrunit.mapreduce.ReduceDriver;
import   org.junit.Before;
import   org.junit.Test;
```

与其对应的 MRunit 代码如下所示：

```
public class SMSCDRMapperTest {

  MapDriver<LongWritable, Text, Text, IntWritable>  mapDriver;

  @Before
  public void setUp() {
    SMSCDRMapper mapper = new SMSCDRMapper();
    mapDriver = MapDriver.newMapDriver(mapper);;
  }

  @Test
  public void testMapper() {
    mapDriver.withInput(new LongWritable(), new Text(
        "595877;1; 747382938472839;898783728372812;5"));
    mapDriver.withOutput(new Text("5"), new IntWritable(1));
    mapDriver.runTest();
  }
}
```

ReduceDriver 针对 Reduce 的单独测试，采用和 Map 一样的例子。在该例子中，需要构建 SMS Status Code 为 5，而两个 CDRType 为 1 的链表。代码如下：

```
public class SMSCDRReducerTest {
  ReduceDriver<Text, IntWritable, Text, IntWritable>reduceDriver;

  @Before
  public void setUp() {
    SMSCDRReducer reducer = new SMSCDRReducer();
    reduceDriver = ReduceDriver.newReduceDriver(reducer);
  }

  @Test
  public void testReducer() {
    List<IntWritable> values = new ArrayList<IntWritable>();
```

```
      values.add(new IntWritable(1));
      values.add(new IntWritable(1));
      reduceDriver.withInput(new Text("5"), values);
      reduceDriver.withOutput(new Text("5"), new IntWritable(2));
      reduceDriver.runTest();
    }
}
```

以下为 Map 和 Reduce 测试的例子。模拟两条记录的输入：

"595877;1; 747382938472839;898783728372812;5"
"737283;1; 232329483034893; 384938271928374;3"

期望的输出应该是：

5,1
3,1

相关的代码为：

public class SMSCDRMapperReducerTest {

MapDriver<LongWritable, Text, Text, IntWritable>mapDriver;
ReduceDriver<Text, IntWritable, Text, IntWritable>reduceDriver;
MapReduceDriver<LongWritable, Text, Text, IntWritable, Text, IntWritable>
mapReduceDriver;
    @Before
      public void setUp() {
        SMSCDRMapper mapper = new SMSCDRMapper();
        SMSCDRReducer reducer = new SMSCDRReducer();
        mapReduceDriver = MapReduceDriver.newMapReduceDriver(mapper, reducer);
      }

    @Test
    public void testMapReduce() {
      Text mapInputValue1 = new Text("595877;1; 747382938472839; 898783728372812;5")
      Text mapInputValue2 = new Text("737283;1; 232329483034893; 384938271928374;3")
```
```

```
mapReduceDriver.withInput(new LongWritable(1), mapInputValue1);

mapReduceDriver.withInput(new LongWritable(1), mapInputValue2);

mapReduceDriver.addOutput(new Text("5"), new IntWritable(1));

mapReduceDriver.addOutput(new Text("3"), new IntWritable(1));

mapReduceDriver.runTest();

    }

}
```

2.4　大数据的基准测试

2.4.1　基准测试

不同的数据处理规模需要不同的平方规模，用户必须选择合适的平方模型，基准测试（Benchmark）为衡量其处理能力提供了重要参考。

基准测试是一种测量和评估软件性能指标的典型活动。可以在某个时候通过基准测试建立一个已知的性能水平（称为基准线），当系统的软硬件环境发生变化之后再进行一次基准测试，以确定那些变化对性能的影响[23]。

在基准测试领域，最有名的组织是 TPC（Transaction Processing Performance Council，事务处理性能委员会）。TPC 组织的主要职责是制定商务应用基准程序（Benchmark）的标准规范、性能和价格度量，并依据基准测试项目发布客观性能数据。TPC 不给出基准程序的代码，而只给出基准程序的标准规范（Standard Specification）。任何厂家或其他测试者都可以根据 TPC 组织公布的规范标准，最优地构造出自己的系统（测试平台和测试程序）。

此外，在大数据应用中，每次增加新模块后，都需要重新进行基准测试来评估新模块对系统产生的性能影响。Big Data Top100[24]是一个致力于大数据系统基准测试的开放社团。其目标是开发一个端到端的大数据应用基准，以确保大数据系统能根据事先定义的、可校验的性能度量开展分级。

2.4.2　测试方法

1）测试步骤

基准测试的通常做法是在系统上运行一系列测试程序，并把性能计数器的结果保存起来，这些结果被称为"性能指标"。性能指标通常都保存或归档，并在系统环境的描述中进行注解。基准测试中,需要把基准测试的结果以及当时的系统配置和环境一起存入档案记录下来,可以让有经验的专业人员对系统过去和现在的性能表现进行对照比较,确认系统或环境的所有变化。

2) 测试工具集

很多基于大数据的环境都提供了自身的基准测试工具,包括工具提供商、研究机构等。主要测试工具集分为两类:一类是工业界、科研界提出的测试工具集;还有一类是大数据框架提供的测试基准,具体包括:

(1) BigBench:BigBench 由 Ghazal 在第一届 WBDB 研讨会提出的,并在第二届 WBDB 研讨会上对关联查询进行了扩展。它基于 TPC – DS 规范[25]支持非结构化和半结构化数据。BigBench 通过 TPC – DS 修改查询集来支持大数据的操作,并在某些查询中与其他操作相关联。

(2) 美国加州伯克利分校的 AMP 实验室 Big Data Benchmark from UC Berkeley,其主要针对业界典型的大数据产品进行基准测试[26]。

(3) 中国科学院计算技术研究所的 Big Data Bench:BigDataBench 为相同的负载提供不同的实现。目前为离线负载提供了 MapReduce、MPI、Spark 和 DataMPI 实现[27]。

(4) Hadoop 自带的测试基准,这些程序可以从多个角度对 Hadoop 进行测试,TestDFSIO、mrbench 和 nnbench 是三个广泛被使用的测试[28]。TestDFSIO 用于测试HDFS 的 IO 性能。nnbench 用于测试 NameNode 的负载,mrbench 会多次重复执行一个小作业,用于检查在机群上小作业的运行是否可重复以及运行是否高效。

(5) HBase 系统自身提供了性能测试工具(具体可参见 HBase 安装目录下的. /bin/HBase/org. apache. hadoop. HBase. PerformanceEvaluation),该工具提供了随机读写、多客户端读写等性能测试功能[29]。

(6) HiBench 是 Intel 开放的一个 Hadoop Benchmark Suit,包含 9 个典型的 Hadoop负载[30]。

3) 数据准备

数据发生器是大数据基准中很重要的一个工具。数据基准测试中常用的数据生成工具包括 HiBench 与 BDGS。HiBench 的容量是扩展的,可以生成非结构的文本数据类型并支持 Hadoop Hive。BDGS 在保留原始数据特性的基础上以小规模真实数据生成大规模数据,能够生成文本数据和图表数据。Sleep 命令一般被用来运行程序,它的特点是批处理、延时使用且占用资源少。Sleep 基准在 Hadoop World 2011 上被提出来,可以用来比较核调度和 MapReduce 处理的有效性,测试任务分配到网络平台的速度。

并行数据生成框架(Parallel Data Generation Framework,PDGF)是一种适用性很强的数据生成工具,可以在短时间内快速生成大量的关系数据。PDGF 利用并行随机数发生器来生成独立相关值[31, 32]。在 PDGF 的基础上,可以为大数据基准建立一种通用的数据发生器。虽然 PDGF 最初是为关系型数据设计的,但它具有一个后处理模块,可以映射到其他数据格式,如 XML、RDF 等。因为所有数据都能确定性的生成,并且这个生成总是重复的,这使得中间过程和转换的最终结果是可以计算的,基本的关系数据库模型也使得它可以在数据上产生一致性查询。这使得 PDGF 成为大数据基准的理想工具之一[33]。

2.4.3　测试内容

基准测试包括面对特定处理功能甚至应用的基准测试程序集的集合。大数据领域的数据规模的不同,对测试结果影响很大。因此,测试数据的规模及其应用对基准测试的影响很大。

下面给出不同的测试工具集包括的测试内容:

1) Big Data Benchmark from UC Berkeley

Big Data Benchmark from UC Berkeley[26]是美国加州伯克利分校对几个大数据产品进行的性能基准测试,主要针对以下内容,具体见表 2-12。

表 2-12　美国加州伯克利分校的性能基准测试内容

被 测 内 容	说　　　明
Redshift	亚马逊基于 ParAccel 数据仓库提供的大数据产品
Hive	基于 Hadoop 数据仓库系统
Shark	兼容 Hive SQL 的引擎,基于 Spark 计算框架（v0.8 preview, 5/2013）
Impala	兼容 Hive 的 SQL 引擎,拥有自己的 MPP-like 执行引擎.（v1.0, 4/2013）

Redshift、Hive、Shark、Impala 都提供了在 EC2 的支持,因此在 Redshift、Hive、Shark、Impala 的基准测试能够重复进行。

测试数据集需要在 EC2 上进行复制,因此需要准备不同规模的测试数据集。从表 2-13 中可以看出,一个节点的数据规模可以存放 25 G 的用户访问数据、1 G 的 Ranking 表和 30 G 的 Web 爬虫数据。这些数据采用压缩方式,并被编码为 Text 文件和顺序文件。相关的数据可以在 s3n://big-data-benchmark/pavlo/[text|text-deflate|sequence|sequence-snappy]/[suffix]获取。

表 2-13　测 试 数 据 集

S3 模式	/tiny/	/1node/	/5nodes/
规模因子（Scale Factor）	small	1	5
Rank 表行数（rows）	1 200	18 Million	90 Million

（续表）

S3 模式	/tiny/	/1node/	/5nodes/
Rank 表字节数(bytes)	77.6 KB	1.28 GB	6.38 GB
用户行数(rows)	10 000	155 Million	775 Million
用户字节数(bytes)	1.7 MB	25.4 GB	126.8 GB
文档(bytes)	6.8 MB	29.0 GB	136.9 GB

2）BigDataBench

BigDataBench 是一个抽取 Internet 典型服务构建的大数据基准测试程序集，覆盖了微基准测试（Micro Benchmarks）、Cloud OLTP、关系查询、搜索引擎、社交网络和电子商务 6 种典型应用场景，包含 19 种不同类型的负载和六种不同类型的数据集，如表 2-14 和表 2-15 所示。在抽象的操作和模式集合基础上，BigDataBench 构建了代表性和多样性的大数据负载[27]。

表 2-14　BigDataBench 的描述

被测内容	说　　明
微基准测试 （Micro Benchmarks）	采用 MapReduce、Spark、MPI 进行 Sort、Grep、WordCount、BPS 进行离线分析
Cloud OLTP	对 Hbase、Cassandra、MongoDB、MySQL 四种数据库的表数据进行在线分析，主要包括 Read、Write、Scan
关系查询	对 Impala、Shark、MySQL、Hive 数据库数据进行实时分析，主要包括 Select Query、Aggregate Query、Join Query
搜索引擎	采用 Hadoop、MPI、Spark 对 Nutch Server、PageRank、Index 进行基准测试
社交网络	对 Olio Server、K-means、Connected Components 进行测试
电子商务	对 Rubis Server、Collaborative Filtering、Naive Bayes 进行测试

表 2-15　BigDataBench 的测试集

序　号	数　据　集	数　据　规　模
1	维基百科条目	4 300 000 篇英文文章
2	亚马逊电影评论	7 911 684 条评论
3	谷歌网页图数据	875 713 个节点，5 105 039 条边
4	Facebook 社交网络	4 039 个节点，88 234 条边

（续表）

序　号	数　据　集	数　据　规　模
5	电子商务事务数据	表1：4列，38 658行 表2：6列，242 735行
6	ProfSearch 个人简历数据	278 956 份简历

BigDataBench 采用的 BigOP 是基准测试框架，采用数据集-操作-匹配的架构模型，如图 2-8 所示。

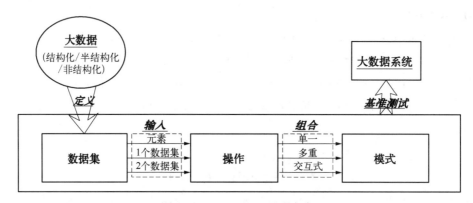

图 2-8　BigDataBench 的框架

BigDataBench 提供了数据生成工具——BDGS。该工具能在保留原始数据特性的基础上以小规模真实数据生成大规模数据。目前，BDGS 支持代表性文本数据、图数据和（数据库）表数据。

3) Hadoop 基准测试

Hadoop 自带了几个基准测试，打包在 jar 包中，如 Hadoop-＊test＊.jar 和 Hadoop-＊examples＊.jar，这些 jar 包在 Hadoop 环境中可以很方便地运行测试。运行不带参数的 hadoop-＊test＊.jar 时，会列出所有的测试程序。程序从多个角度对 Hadoop 进行测试，TestDFSIO、mrbench 和 nnbench 是三个广泛被使用的测试，见表 2-16。

表 2-16　Hadoop-＊test＊.jar 所带的基准测试命令

序　号	命　令	说　　　明
1	TestDFSIO	TestDFSIO 用于测试 HDFS 的 IO 性能，使用一个 MapReduce 作业来并发地执行读写操作，每个 map 任务用于读或写每个文件，map 的输出用于收集与处理文件相关的统计信息，reduce 用于累积统计信息，并产生 summary
2	nnbench	nnbench 用于测试 NameNode 的负载，它会生成很多与 HDFS 相关的请求，给 NameNode 施加较大的压力。这个测试能在 HDFS 上模拟创建、读取、重命名和删除文件等操作
3	mrbench	mrbench 会多次重复执行一个小作业，用于检查在机群上小作业的运行是否可重复以及运行是否高效

TestDFSIO 的测试步骤[34]：

用法：

Usage：TestDFSIO[genericOptions] − read | − write | − append | − clean[− nrFiles N]

命令行：

例子将往 HDFS 中写入 10 个 1 000 MB 的文件：

hadoop jar $HADOOP_HOME/hadoop − * test * . jar TestDFSIO − write − nrFiles 10 − fileSize 1000

（注意：这里的 * test * 要替换成具体的版本号）

输出结果：

− − − − − TestDFSIO − − − − − ：write

Date & time：Mon Dec 10 11：11：15 CST 2012

Number of files：10

Total MBytes processed：10000.0

Throughput mb/sec：3.5158047729862436

Average IO rate mb/sec：3.5290374755859375

IO rate std deviation：0.22884063705950305

Test exec time sec：316.615

例如，从 HDFS 中读取 10 个 1 000 MB 的文件：

hadoop jar $HADOOP_HOME/hadoop − * test * . jar TestDFSIO − read − nrFiles 10 − fileSize 1000

输出结果：

Date & time：Mon Dec 10 11：21：17 CST 2012

Number of files：10

Total MBytes processed：10000.0

Throughput mb/sec：255.8002711482874

Average IO rate mb/sec：257.1685791015625

IO rate std deviation：19.514058659935184

Test exec time sec：18.459

使用命令删除测试数据：

hadoop jar $HADOOP_HOME/hadoop − * test * . jar TestDFSIO − clean

nnbench：用于测试 NameNode 的负载，它会生成很多与 HDFS 相关的请求，给 NameNode

施加较大的压力。这个测试能在 HDFS 上模拟创建、读取、重命名和删除文件等操作。

例如，使用 12 个 mapper 和 6 个 reducer 来创建 1 000 个文件。

```
hadoop jar $HADOOP_HOME/hadoop - * test * . jar nnbench \
    - operation create_write - maps 12 - reduces 6 - blockSize 1 \
    - bytesToWrite 0 - numberOfFiles 1000 - replicationFactorPerFile 3 \
    - readFileAfterOpen true - baseDir /benchmarks/NNBench - 'hostname - s'
```

mrbench：mrbench 会多次重复执行一个小作业，用于检查在机群上小作业的运行是否可重复以及运行是否高效。

```
mrbench[ - baseDir <base DFS path for output/input, default is /benchmarks>]
```

例如，运行一个小作业 50 次：

```
hadoop jar $HADOOP_HOME/hadoop - * test * . jar mrbench - numRuns 50
```

Terasort 是测试 Hadoop 的一个有效的排序程序。通过 Hadoop 自带的 Terasort 排序程序，测试不同的 Map 任务和 Reduce 任务数量，对 Hadoop 性能的影响。实验数据由程序中的 teragen 程序生成，数据量为 1 GB 和 10 GB。一个完整的 TeraSort 测试需要按以下三步执行：

（1）用 TeraGen 生成随机数据。

（2）输入数据运行 TeraSort。

（3）用 TeraValidate 验证排好序的输出数据。

运行 TeraGen 生成 1 GB 的输入数据，并输出到目录/examples/terasort-input：

```
hadoop jar $HADOOP_HOME/hadoop - examples - 0.20.2 - cdh3u3. jar teragen \
    10000000 /examples/terasort - input
```

TeraGen 产生的数据每行的格式如下：

```
<10 bytes key><10 bytes rowid><78 bytes filler>\r\n
```

其中，key 是一些随机字符，每个字符的 ASCII 码取值范围为[32, 126]；rowid 是一个整数，右对齐；filler 由 7 组字符组成，每组有 10 个字符（最后一组 8 个），字符从 A 到 Z 依次取值。

运行 TeraSort 对数据进行排序，并将结果输出到目录/examples/terasort-output：

```
hadoop jar $HADOOP_HOME/hadoop - examples - 0.20.2 - cdh3u3. jar terasort \
/examples/terasort - input /examples/terasort - output
```

运行 TeraValidate 来验证 TeraSort 输出的数据是否有序，如果检测到问题，将乱序的 key 输出到目录/examples/terasort-validate：

```
hadoop jar $HADOOP_HOME/hadoop - examples - 0.20.2 - cdh3u3. jar teravalidate \
/examples/terasort - output /examples/terasort - validate
```

4) HiBench

HiBench 基准测试包括以下类型,如表 2 - 17 所示。

表 2 - 17 HiBench 基准特点

类型	负 载	计算模型	实现方式	资源特性	说　明
微基准	Sort	数据形式变换	内置	I/O 密集型;CPU 利用率中等	用 Hadoop RandomTextWriter 生成数据并排序
	wordcount	大数据集中抽取感兴趣数据		CPU 密集型,网络和磁盘 I/O 负载较轻	统计输入数据中每个单词的出现次数,输入数据用 Hadoop RandomTextWriter 生成
	terasort	数据形势变化		Map/shuffle 阶段 CPU 密集,I/O 中等;Reduce 阶段相反	由微软创建的标准 benchmark,输入数据由 Hadoop TeraGen 产生
Web 搜索	nutch indexing	大规模搜索索引	nutch	Map 阶段 CPU 密集;Reduce 阶段 I/O 密集,CPU 中等	该负载测试 Nutch 的索引子系统,使用自动生成的链接和单词符合 Zipfian 分布的 Web 数据
	page Rank	Web search rank	Smartfrog	CPU 密集	在 Hadoop 上的 PageRank 算法实现,使用自动生成的链接符合 Zipfian 分布的 Web 数据
机器学习	贝叶斯分类	机器学习	Mahout	I/O 密集	测试 Mahout 的 Naive Bayesian 训练器,输入数据是单词符合 Zipfian 分布的文档
	K -均值聚类			中心点计算时,CPU 密集;聚类运算时,I/O 密集	测试 Mahout 中的 K -均值聚类算法,输入数据集基于均匀分布和高斯分布的 GenKMeansDataset 产生
HDFS 基准	增强 DFSIO	HDFS 吞吐量	自己实现	I/O 密集	产生大量同时执行读写请求的任务来测试 Hadoop 的 HDFS 吞吐量

5) 微基准测试

下面给出了用 Hadoop 对 sort、grep、wordcount 进行微基准测试的实例,包括数据生成和测试执行两个步骤。

第一步,生成数据脚本如下:

```
#! /bin/bash
##
# Micro Benchmarks Workload: sort, grep, wordcount
```

```
# Need HADOOP
# To prepare and generate data：
#   ./genData_MicroBenchmarks.sh
# To run：
#   ./run_MicroBenchmarks.sh
##

if[ ! - e $HADOOP]; then
  echo "Can't find hadoop in $HADOOP, exiting"
  exit 1
fi

echo "Preparing MicroBenchmarks data dir"

WORK_DIR = 'pwd'
echo "WORK_DIR = $WORK_DIR data will be put in $WORK_DIR/data - MicroBenchmarks/in"

mkdir - p ${WORK_DIR}/data - MicroBenchmarks/in

cd ../BigDataGeneratorSuite/Text_datagen/
./gen _ text _ data. sh lda _ wiki1w 20 8000 10000 $ { WORK _ DIR }/data - MicroBenchmarks/in
  #10GB

cd ../../MicroBenchmarks/

${ HADOOP _ HOME }/bin/hadoop  fs  - copyFromLocal  $ { WORK _ DIR }/data - MicroBenchmarks/in
${WORK_DIR}/data - MicroBenchmarks/in
${HADOOP_HOME}/bin/hadoop    jar    ${HADOOP_HOME}/ToSeqFile. jar  ToSeqFile
${WORK_DIR}/data - MicroBenchmarks/in ${WORK_DIR}/data - MicroBenchmarks/in/sort
```

第二步，进行测试执行，测试启动脚本如下：

```
#! /bin/bash
##
# Micro Benchmarks Workload：sort, grep, wordcount
```

```
# Need HADOOP
# To prepare and generate data:
#   ./genData_MicroBenchmarks.sh
# To run:
#   ./run_MicroBenchmarks.sh
##

if[ ! - e $HADOOP]; then
    echo "Can't find hadoop in $HADOOP, exiting"
    exit 1
fi


WORK_DIR='pwd'
echo " WORK _ DIR = $ WORK _ DIR data should be put in $ WORK _ DIR/data -
MicroBenchmarks/in"


algorithm = ( sort grep wordcount)
if[ - n "$1"]; then
    choice = $1
else
    echo "Please select a number to choose the corresponding Workload algorithm"
    echo "1. ${algorithm[0]} Workload"
    echo "2. ${algorithm[1]} Workload"
    echo "3. ${algorithm[2]} Workload"
    read - p "Enter your choice : " choice
fi

echo "ok. You chose $choice and we'll use ${algorithm[$choice - 1]} Workload"
Workloadtype = ${algorithm[$choice - 1]}


if[ "x $Workloadtype" = = "xsort"]; then
    ${HADOOP _ HOME}/bin/hadoop fs - rmr ${WORK_DIR}/data - MicroBenchmarks/
out/sort
    ${HADOOP_HOME}/bin/hadoop jar   ${HADOOP_HOME}/hadoop - examples - *. jar
  sort
```

```
${WORK_DIR}/data - MicroBenchmarks/in/sort ${WORK_DIR}/data - MicroBenchmarks/
out/sort
    elif [ "x$Workloadtype" = = "xgrep" ]; then
      ${HADOOP_HOME}/bin/hadoop fs - rmr ${WORK_DIR}/data - MicroBenchmarks/
out/grep
      ${HADOOP_HOME}/bin/hadoop jar  ${HADOOP_HOME}/hadoop - examples - *.jar
grep ${WORK_DIR}/data - MicroBenchmarks/in ${WORK_DIR}/data - MicroBenchmarks/out/
grep a * xyz
    elif [ "x$Workloadtype" = = "xwordcount" ]; then
      ${HADOOP_HOME}/bin/hadoop fs - rmr ${WORK_DIR}/data - MicroBenchmarks/
out/wordcount
      ${HADOOP_HOME}/bin/hadoop jar  ${HADOOP_HOME}/hadoop - examples - *.jar
 wordcount
    ${WORK_DIR}/data - MicroBenchmarks/in ${WORK_DIR}/data - MicroBenchmarks/
out/wordcount
      echo "unknown cluster type: $clustertype"
    fi
```

6) 关系查询

关系查询针对数据库中的相关数据信息进行,基准测试主要包括: 装载数据、查询准备和执行查询三个步骤。

第一步,装载数据:

```
drop table BigDataBench_DW_order;

create table BigDataBench_DW_order(ORDER_ID int, BUYER_ID int, CREATE_DT
string) row format delimited fields terminated by '|';

load data local inpath ' ORDER_TABLE_DATA_PATH ' overwrite into table
BigDataBench_DW_order;


drop table BigDataBench_DW_item;

create table BigDataBench_DW_item(ITEM_ID int, ORDER_ID int, GOODS_ID int,
GOODS_NUMBER int, GOODS_PRICE double, GOODS_AMOUNT double) row format delimited
fields terminated by '|';

load data local inpath ' ITEM_TABLE_DATA_PATH ' overwrite into table BigDataBench
_DW_item;
```

第二步,查询准备:

```
#! /bin/sh
##
# Data Warehouse Basic Operations
# Need HIVE and impala
# To prepare and generate data:
#   Load data to hive.
#                                    ./prepare_RelationalQuery.sh        [ORDER_
TABLE_DATA_PATH][ITEM_TABLE_DATA_PATH]
#   Output: some log info.
#
#   You can generate data by Table_datagen Tool.
#   cd ../BigDataGeneratorSuite/Table_datagen
#   java - XX: NewRatio = 1 - jar pdgf. jar - l demo - schema. xml - l demo -
generation. xml - c - s
#   The output data path is BigDataGeneratorSuite/Table_datagen/output, you
should use this path for prepare_RelationalQuery. sh
#
# To run:
#   ./run_RelationalQuery. sh [hive/impala] [select/aggregation/join]
#   Output: query result
##
```

第三步，执行查询：

```
#! /bin/sh
##
# Data Warehouse Basic Operations
# Need HIVE and impala
# To prepare and generate data:
#   Load data to hive.
#                                    ./prepare_RelationalQuery.sh      [ORDER_TABLE
_DATA_PATH] [ITEM_TABLE_DATA_PATH]
#   Output: some log info.
#
#   You can generate data by Table_datagen Tool.
#   cd ../BigDataGeneratorSuite/Table_datagen
#   java - XX: NewRatio = 1 - jar pdgf. jar - l demo - schema. xml - l demo -
```

```
generation.xml -c -s
    #  The output data path is BigDataGeneratorSuite/Table_datagen/output, you
should use this path for prepare_RelationalQuery.sh
    #
    # To run:
    #  ./run_RelationalQuery.sh [hive/impala] [select/aggregation/join]
    #  Output: query result
    ##

    function usage(){
        echo "Usage: $0" "hive/impala" "select/aggregation/join"
        exit 1
    }


    # how much parameters at least
    PARA_LIMIT = 2
    if [ "$#" -lt $PARA_LIMIT ]; then
        usage
    fi
    REQ = $2
    PROGRAM = $1


    #read -p "Please Enter HIVE_HOME: " HIVE_HOME
    HIVE_HOME = /home/mingzijian/hive-0.12.0
    echo "HIVE_HOME = $HIVE_HOME"


    ##
    # main part of program
    ##
    case "$REQ" in
        "select")
        QUERY = "select count( * ) from bigdatabench_dw_item where GOODS_AMOUNT
> 5;"

        ;;
```

```
      "aggregation")
      QUERY = "select GOODS_ID, sum(GOODS_NUMBER) from bigdatabench_dw_item
group by GOODS_ID limit 10;"

      ;;

      "join")
      QUERY = "select bigdatabench_dw_order.buyer_id, \
      sum(bigdatabench_dw_item.goods_amount) as total \
      from bigdatabench_dw_item join bigdatabench_dw_order \
      on bigdatabench_dw_item.order_id = bigdatabench_dw_order.order_id \
      group by bigdatabench_dw_order.buyer_id \
      limit 10;"

      ;;

      *)
      usage
      ;;
esac

echo $QUERY
case "$PROGRAM" in
      "hive")
      ${HIVE_HOME}/bin/hive - e "$QUERY"

      ;;

      "impala")
      impala - shell - q "$QUERY"

      ;;

      *)
      usage
      ;;
esac
```

7) HBase

Hadoop 集群平台的搭建,包括硬件配置环境、需要的软件环境,及整个 Hadoop 分布式环境的搭建(包括 Hadoop、Hive、Sqoop 的配置及运行)。

HBase 自带的测试主要步骤[35]：

(1) 环境配置　配置 $HADOOP_ HOME 下的 conf/hadoop-env. sh 文件,修改 HADOOP_CLASSPATH 配置信息为：

export
HADOOP_CLASSPATH = $HADOOP_CLASSPATH：/$HBASE_HOME/hbase − 0.90.6. jar：/$HBASE_HOME/hbase − 0.90.6 −
tests. jar：/$HBASE_HOME/conf：/$HBASE_HOME/lib/guava − r06. jar：/$HBASE_HOME/lib/zookeeper − 3.3.5. jar

配置 $HBASE_HOME 下的 conf/hbase-env. sh 文件,修改其中的 HBASE_CLASSPATH 为：

export HBASE_CLASSPATH = $HBASE_CLASSPATH：/$HADOOP_HOME/conf

(2) 测试　对于不同的操作模型,其命令参数会有变化,见表 2 − 18。

表 2 − 18　操 作 模 型

操　　作	命　　　　　令
顺序写,单线程	hbase org. apache. hadoop. hbase. PerformanceEvaluation sequentialWrite 1
顺序读,单线程	hbase org. apache. hadoop. hbase. PerformanceEvaluation sequentialRead 1
随机写,单线程	hbase org. apache. hadoop. hbase. PerformanceEvaluation randomWrite 1
随机读,单线程	hbase org. apache. hadoop. hbase. PerformanceEvaluation randomRead 1

以上各项中,多个线程会启动一个 MapReduce 作业执行。

(3) Bulk Load 对 HBase 测试　可通过 Bulk Load 工具向 HBase 中插入的数据来进行测试,若数据文件所在的目录为：/data0/newline/hbaseload/hbase_test。

① 在 hbase 中创建表 tt：

create 'tt', 'f1'

② 在 $HADOOP_HOME 下执行：

bin/hadoop　　　jar　　　/$HBASE_HOME/hbase − 0.90.6. jar　　　import tsv − Dimporttsv. columns = HBASE_ ROW _KEY, f1：a, f1：b, f1：c tt /data0/newline/hbaseload/hbase_test

◇参◇考◇文◇献◇

[1] 孟小峰,慈祥. 大数据管理：概念、技术与挑战，计算机研究与发展,2013, 50(1)：146 - 169.

[2] Haas L. Integrating Extremely Large Data is Extremely Challenging [C]//Proceedings of XLDB Asia 2012. XLDB, 2012.

[3] Rahm, E., Do, H. H. Data cleaning：problems and current approaches. [J] IEEE Data Engineering Bulletin, 2000,23(4)：3 - 13.

[4] Aebi D, Perrochon L. Towards Improving Data Quality[C]//CiSMOD. 1993：273 - 281.

[5] Huang K T, Lee Y W, Wang R Y. Quality Information and Knowledge[M]. Prentice Hall PTR, 1998.

[6] Wang R Y, Kon H B, Madnick S E. Data Quality Requirements Analysis and Modeling[C]//Data Engineering, 1993. Proceedings. Ninth International Conference on. IEEE, 1993：670 - 677.

[7] Hernández M A. A Generalization of Band Joins and the Merge-Purge Problem[J]. 1995.

[8] 郭志懋,周傲英. 数据质量和数据清洗研究综述[J]. 软件学报, 2002, 13(11)：2076 - 2082.

[9] 方幼林,杨冬青,唐世渭, 等. 数据仓库中数据质量控制研究[J]. 计算机工程与应用, 2003, 39(13)：1 - 4.

[10] 管尊友,冯建华. 一个可扩展的数据质量元模型[J]. 计算机工程, 2005, 31(8)：74 - 76.

[11] 秦学勇,姚燕生. 可扩展数据仓库若干关键问题研究与分析[J]. 计算机技术与发展, 2006, 16 (12)：136 - 138.

[12] 喻小光,陈维斌,陈荣鑫. 一种数据规约的近似挖掘方法的实现[J]. 华侨大学学报：自然科学版, 2008, 29(3)：370 - 374.

[13] Galhardas H, Florescu D, Shasha D, et al. Declarative Data Cleaning：Language, Model, and Algorithms[J] //In VLDB. 2001.

[14] 王曰芬,章成志,张蓓蓓, 等. 数据清洗研究综述[J]. 现代图书情报技术, 2007, 12：50 - 56.

[15] Miller H, The multiple dimensions of information quality[J]. Information Systems Management, 1996,13(2), 79 - 82.

[16] Hadoop 起源及其四大特性详解[EB/OL].
http：//www. linuxidc. com/Linux/2012 - 02/53107. htm, [2014 - 03 - 29].

[17] White T. Hadoop 权威指南(中文版)[M]. 曾大聘,周傲英,译. 北京：清华大学出版社,2010.

[18] Hadoop YARN 的发展史与详细解析[EB/OL].
http：//www. csdn. net/article/2013 - 12 - 18/2817842 - bd-hadoopyarn, [2014 - 03 - 29].

[19] 将 Hadoop YARN 发扬光大[EB/OL].
http：//www. ibm. com/developerworks/cn/data/library/bd-hadoopyarn/index. html, [2014 - 03 - 29].

[20] hadoop MapReduce 分布式计算架构[EB/OL].
http：//blog. csdn. net/jyf211314/article/details/9061083, [2014 - 03 - 29].

[21] MapReduce 数据流(二)[EB/OL].
http：//www. cnblogs. com/spork/archive/2010/01/11/1644346. html, [2014 - 03 - 29].

[22] hadoop 单元测试方法——使用和增强 MRUnit [EB/OL].

http://jen. iteye. com/blog/1003862，［2014－03－29］.

［23］　Standard Performance Evaluation Corporation，SPEC Newsletter［J］. Volume 2，Issue 2，Spring，1990.

［24］　BIG DATA TOP100［EB/OL］. http://www. bigdatatop100. org/，［2014－04－12］.

［25］　TPC［EB/OL］. http://www. tpc. org/tpcds/，［2014－04－10］.

［26］　Big Data Benchmark［EB/OL］. https://amplab. cs. berkeley. edu/benchmark/，［2014－04－12］.

［27］　BigDataBench［EB/OL］. http://prof. ict. ac. cn/BigDataBench/zh/，［2014－04－12］.

［28］　DITTRICH J，QUIAN'E-RUIZ J A，JINDAL A，et al. Hadoop^{++}：Making a Yellow Elephant Run Like a Cheetah (Without It Even Noticing)［J］. Proceedings of the VLDB Endowment，2010，3(1)：515－529.

［29］　Hadoop Wiki［EB/OL］.

http://wiki. apache. org/hadoop/Hbase/PerformanceEvaluation，［2014－04－12］.

［30］　Hadoop Benchmark Suite（HiBench）［EB/OL］. https://github. com/intel-hadoop/Hibench，［2014－04－10］.

［31］　Frank M，Poess M，Rabl T. Efficient Update Data Generation for DBMS Benchmarks［C］// Proceedings of the third joint WOSP/SIPEW international conference on Performance Engineering. ACM，2012：169－180.

［32］　Rabl T，Frank M，Sergieh H M，et al. A Data Generator for Cloud-Scale Benchmarking［M］// Performance Evaluation，Measurement and Characterization of Complex Systems. Springer Berlin Heidelberg，2011：41－56.

［33］　Rabl T，Jacobsen H A. Big Data Generation［M］//Specifying Big Data Benchmarks. Springer Berlin Heidelberg，2014：20－27.

［34］　王锐坚. Hadoop 基准测试［EB/OL］.

http://blog. jeoygin. org/2012/12/hadoop-benchmarks. html，［2014－04－10］.

［35］　HBase 基准测试［EB/OL］.

http://blog. sina. com. cn/s/blog_62a9902f01018ypk. html，［2014－04－10］.

第 3 章

大数据智能算法及测评技术

随着大数据基础架构的日益成熟,如何从大规模、动态的、异构的数据中,利用智能算法处理与挖掘有价值的信息,将成为未来大数据研究的重要方向。本章主要从大数据的算法层面介绍大数据测评方法。数据的聚类和分类是大数据应用中的两个最重要的基础算法,也是发展较为成熟的算法。随着数据的爆炸式增长,基于分布式框架的数据聚类和分类已经成为重要发展方向。另外,个性化推荐系统是面向终端用户的典型应用,在各个领域均有着广泛的应用。无论是聚类算法和分类算法,还是个性化推荐均存在测试 ORACLE问题和算法质量评估问题,给测试带来了新的挑战。

3.1 概述

数据集的聚类、分类等基础算法是机器学习、数据挖掘领域的经典算法,在大数据时代仍有广泛的应用。大数据应用类算法,如个性化推荐系统和 PageRank 等,通常需要整合聚类、分类等基础智能算法。本章将围绕图 3-1 描述的大数据两大类、三大主题的智能算法,从算法的概念、应用、测试与评估等方面进行深入探讨。

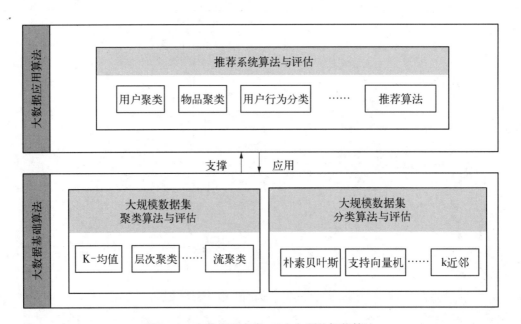

图 3-1 大数据两大类、三个主题的智能算法

3.2 聚类算法及测评

3.2.1 聚类及其在大数据中的应用

聚类算法,即将大量的具有相似特征的对象聚集到不同的簇中。聚类试图将相似的对象归为同一簇,而将不相似的对象归为不同簇,簇内对象越相似,聚类效果越好。对象之间的相似度取决于相似度测度。聚类的目的是在海量或难以理解的数据集里发现层次与规律,或让数据集更容易被理解。聚类算法不需要预先标注数据集,该类算法属于无监督机器学习算法。

聚类算法在大数据分析挖掘中有广泛的应用。比如,百度新闻将抓取的新闻进行聚类处理,将话题相同的新闻划分到同一个新闻簇中,通过新闻的聚类用户能够从多角度阅读新闻报道,如图 3-2 所示。聚类算法在识别与某个主题相关的问题时也十分有效,比如对发帖的内容进行聚类,有利于用户从中找到更好的答案。聚类算法还可以根据用户的职业、收入、购买习惯等属性将用户进行聚类,对用户的聚类已广泛应用于个性化推荐系统中。

环滴水湖健康跑的最新相关信息

滴水湖健康跑23日开跑 徐莉佳、王励勤领跑

滴水湖健康跑23日开跑 徐莉佳、王励勤领跑 作为世界上最安全的马拉松赛事,"东马"开办7年来保持着"零死亡"的纪录,秘诀就在于CPR(心肺复苏术)与AE...

腾讯体育 1小时前

3000跑友环滴水湖健康跑 吸引外籍选手参加 腾讯体育　　　　　　13小时前

滴水湖健康跑受热捧 "红牛能量跑团"有能... 上海热线体育频道　　4小时前

3000跑友出战滴水湖健康跑 大力徐莉佳现... 搜狐体育　　　　　　4小时前

"临港·南汇新城杯"滴水湖健康跑本周末... 中国上海　　　　　　5天前

图 3-2　百度新闻聚类实例

聚类分析的流程大致可以分为四步[1],如图 3-3 所示。第一步,需要对数据集进行预处理,通常包括数据降维、特征选择或抽取等;第二步,根据数据集的特点进行聚类算法的设计或选择;第三步,聚类算法的测试与评估;第四步,聚类结果的展示与解释,通过聚类分析从数据集中获得有价值的知识。第一步和第四步相关技术的介绍,超出了本节的范围,本节则主要介绍聚类算法的设计及聚类算法测试与评估的相关技术与方法。

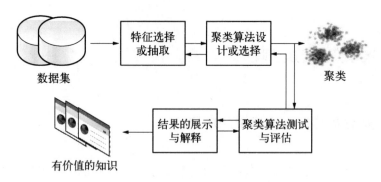

图 3-3 聚类分析的流程

3.2.2 聚类的典型算法及分析

根据其采用的不同策略,聚类算法可分为两大类[2]。一类是层次聚类算法,这类算法一开始将每个点都看成一个簇,算法通过合并两个小簇而形成一个大簇,直到簇聚类满足某些条件从而结束聚类过程。另一类是基于点分配的算法,即按照某一顺序依次遍历所有点,将点分配到最合适的簇中,经典的 K-均值算法(即 K-means 算法)就属于这类算法。

1) 层次聚类算法

层次聚类算法,通过将数据反复聚合或分裂,最终形成一种树状结构,因此称之为树聚类算法。本节以聚合为例介绍层次聚类算法,其方法如下:

(1) 首先将每个点视为一个簇 C_i, $i = 1, \cdots, m$。

(2) 找出所有簇中距离最近的两个簇 C_i、C_j。

(3) 合并 C_i、C_j 为一个新簇。

(4) 若目前的簇数多于预期的簇数,则重复步骤 2~步骤 4,直到簇数满足预期的簇数。

层次聚类的伪代码如下:

```
While number of nodes >1
Repeat {
    for i = 1 to m
      for j = i + 1 to m
      (i, j): = index of minimum distance pair
    merge node(i) and node(j)
    delete node(i) and node(j)
    update nodes list
}
```

图 3-4 是层次聚类的效果图,左图是点的二维欧氏空间,每个点通过其坐标(x, y)表示,右图是其完全聚类的树形图。

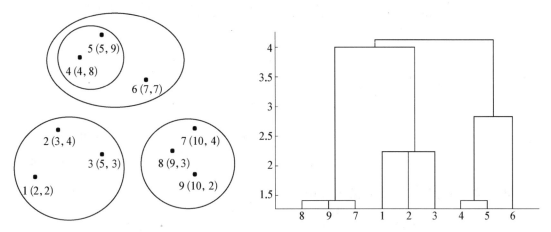

图 3-4 层次聚类的效果及聚类树形图

值得注意的是,基本的层次聚类算法效率不高,其算法复杂度为$O(n^3)$,可以通过将所有点对的距离保存在一个优先队列中,通过算法优化将复杂度减小为$O(n^2 \log n)$。层次聚类的算法思想非常简单,但仅可应用于规模相对较小的数据集。

2) K-均值聚类算法

K-均值是最经典也是应用最广的聚类算法。该算法假定在欧氏空间下,聚类数 K 已知,算法接受一个未标记的数据集,然后将数据聚类成 K 个不同的簇。K-均值聚类是一个迭代的过程,其方法如下:

(1) 首先选择 K 个点,称为聚类质心(通常随机选择)。

(2) 遍历数据集中的每一个点,按照距离 K 个质心的距离,将其与距离最近的质心关联起来,与同一个质心相关联的所有点聚成一类。

(3) 计算每一类中所有点位置的均值(新的质心),将该类的质心移动到新质心位置。

(4) 重复步骤(2)~步骤(3),直到满足收敛要求(如质心不再变化)。

K-均值的优化问题,是要最小化所有的数据点与其所关联的聚类质心之间的距离之和,K-均值的代价函数为:

$$I(c^{(1)}, \cdots, c^{(m)}, \mu_1, \cdots, \mu_K) = \frac{1}{m} \sum_{i=1}^{m} \| x^{(i)} - \mu_c{}^{(i)} \|^2$$

其中,$\mu_c{}^{(i)}$代表与 $x^{(i)}$ 最近的聚类质心。

K-均值的优化目标便是找出使得上面的代价函数最小的 K 个聚类质心 $\mu_1, \mu_2, \cdots,$ μ_K 及与第 $i(i=1, \cdots, m)$个点最近的聚类质心的索引 $c^{(1)}, c^{(2)}, \cdots, c^{(m)}$:

$$\min_{c^{(1)}, \cdots, c^{(m)}, \mu_1, \cdots, \mu_K} J(c^{(1)}, \cdots, c^{(m)}, \mu_1, \cdots, \mu_K)$$

K -均值算法的伪代码如下：

```
Repeat {
    for i = 1 to m
        c^(i) : = index (from 1 to K) of cluster centroid closet to x^(i)
    for k = 1 to K
        μ_k : = average of points assigned to cluster k
}
```

K -均值聚类的算法复杂度为 $O(mkt)$，其中 m 为需要处理的点数、k 为聚类质心数、t 为迭代的次数。图 3 - 5 是 K -均值聚类效果图，动态展示了第 1、3、5 和 7 次迭代时质心位置的变化和聚类的效果。

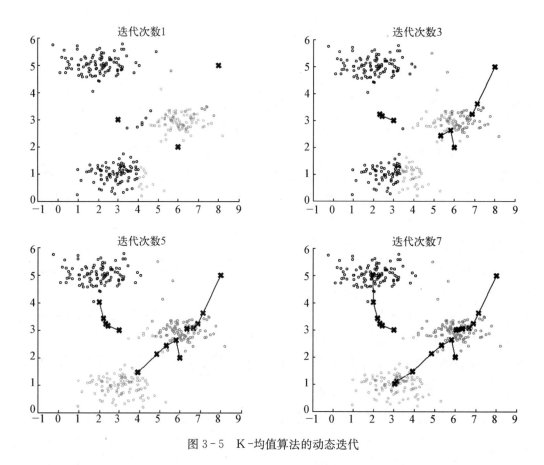

图 3 - 5　K -均值算法的动态迭代

3) 并行化聚类算法

大数据时代，聚类算法所面临的数据规模越来越大，如电子商务网站通常需要对几万甚至是几十万用户进行聚类分析。传统的聚类算法的算法复杂度比较高，而且数据处理受限于内存，对大规模数据集处理存在局限性。针对这种局限性，并行化处理是一个很好的解决方法。将聚类算法部署在 MapReduce 框架中能大大提高算法的并行程度。上一章介绍的 Hadoop 技术及 MapReduce 编程模型是目前最为流行的并行数据处理框架。

层次聚类算法需要计算任意两点的相似性，因此该算法目前在大数据集上不具有可并行性。K-均值算法则可以将数据集划分为多个子集，在子集中计算点与质心的距离，然后将子集中计算结果汇总，计算得到新的质心，从而实现并行计算。K-均值算法目前已经在 Apache 的开源机器学习软件库 Mahout 中实现[3]。基于 MapReduce 的 K-均值算法思想如下，其示意图如图 3-6 所示。

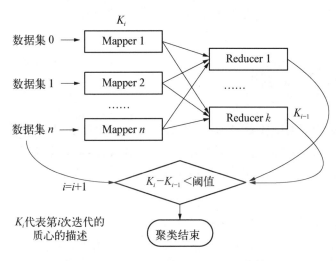

图 3-6 基于 MapReduce 的 K-均值算法

（1）Mapper 任务：将数据集分成子集并与质心描述文件一起发送到各个 Mapper 节点，每个 Mapper 节点分别执行任务，即将子集中的数据分配给最近点的质心，并以所属簇质心为 key，点的索引为 value，组成中间结果传递到 Reducer 节点。

（2）Reducer 任务：得到中间结果后将属于同一簇的点计算新的质心。

（3）比较新的质心与原有的质心是否一致，如果一致，代表算法已收敛，否则仍需进一步迭代，即更新质心描述文件，重新运行整个作业。

Mapper 任务的伪代码如下：

Input：dataset and cluster centroids description file

Output：<key, value>

for each point do begin

      key：= cluster centroid list

      value：= index of point belongs to some cluster centroid

output：<key, value>

Reducer 任务的伪代码如下：

```
Input: the key and the value output by map function
Output: <key, value>
for each centroid do begin
    key: = cluster centroid list
    value: = new centroid position
output: <key, value>
```

需要注意的是,MapReduce 编程模型并不直接支持迭代模型,因此需要额外编写驱动程序来判断迭代是否终止,若迭代没有终止,则需要驱动 MapReduce 程序重新执行任务,直到满足终止条件。

3.2.3 聚类算法的测试

在介绍聚类算法的测试问题之前,首先需要思考一个问题,传统软件测试的流程与工具是否适用于大数据智能算法? 事实上,对于这类算法,用户通常无法在执行之前知道最终的结果,换句话说对于任意的输入是无法预知正确的输出结果。因此,难以采用传统的软件测试方法来设计测试用例。没有可靠测试准则的这类软件系统有时也称为"不可测程序",而依赖于智能算法的分析系统或数据挖掘系统就属于这类软件。但是,智能算法最优解的形式化证明不能保证应用实现的正确性或正确地使用了算法,因此对于这类软件的测试仍然是必要的。本节首先介绍大数据智能算法测试的方法论,然后针对 K -均值聚类算法给出测试实例。

1) 大数据智能算法测试的方法论

大数据的处理与分析算法,通常是基于机器学习/数据挖掘的智能算法,传统的软件测试方法论很难适应大数据应用软件测评,因此首先从方法论出发来讨论如何测试该类算法[4]。

(1) 分析智能算法解决问题的领域 对于大数据应用领域的基础类智能算法,首先需要分析问题的领域与算法的类别,例如是有监督学习算法、无监督学习还是半监督算法,然后从其需要处理的真实数据集中分析出测试等价类。第二,需要分析算法设计者可能没考虑到的数据特征,例如数据集的大小、属性和标签值的潜在范围、浮点数运算时预期达到的精度等。大数据处理中,数据集的样本数是非常大的,通常是数万个或数百万个,甚至更多。样本的属性数目也可能很大,可能是十几个甚至是数百个,也就是说样本通常是高维向量。无监督算法中样本是没有标签的,有监督算法中标签可能是两类(正类或负类),也可能是多分类问题,而半监督算法则有些样本是有标签的,而有些样本是没有标签的。更复杂的数据集中,数据样本某些属性可能是缺失的。

(2) 分析智能算法的定义及代码 大数据基础类算法测试方法论的第二步是分析查看

算法的定义及代码，检查算法的定义是否精确。通过分析算法的定义及代码，可以推测缺陷可能出现的区域，从而创建测试集来发现潜在的算法缺陷。这里主要检查程序规范中的缺陷，而不是程序实现中的缺陷，比如算法的程序规范是否明确解释了如何处理缺失的属性值或标签。通过程序规范的检查，可以决定如何构建"可预测"的训练和测试数据集。

例如，某分类算法试图将样本分为两类，采用 0 和 1 两种标签表示两类。然后可以构建可预测的测试数据集，例如使得每个给定属性等于某个特定值的样本，其标签为 1，每一个属性值等于其他特定值的样本，其标签为 0。另一种方法，一组属性值的集合或区域映射到标签 1，例如"任何具有 X、Y 或 Z 属性的样本"或"任何具有属性 A 和 B 之间的样本"或"任何属性大于 M 的样本"等。

（3）分析智能算法运行时的选项　大数据基础类算法测试方法论的第三步是分析算法运行时的选项，并且检查这些算法运行时选项是如何处理或操作输入数据，从而设计数据集和测试方法，并在输入数据的操作中可能发现缺陷或不一致。

比如 K-均值聚类算法需要首先设定分类数 K，那么 K 必须是一个大于 1 并小于样本数的整数；基于支持向量机的分类算法提供了线性、多项式和径向基核等运行时选项，这些选项决定了如何创建分类超平面。

2）基于蜕变关系的聚类算法测试

聚类算法是典型的大数据智能算法，这类算法很难应用传统的软件测试方法，其主要是由于测试人员在测试之前难以准确预测算法的输出。本节将主要介绍一种称为蜕变测试的测试技术，并将蜕变测试应用到聚类算法的测试中。

（1）蜕变测试的简介　蜕变测试最早由澳大利亚斯温伯尔尼理工大学的陈宗岳（Chen Tsong Yueh）教授在 1998 年提出。他提出的蜕变测试主要基于软件测试领域的两个观察。第一，测试成功的测试用例没有被进一步有效利用与挖掘，而这些测试用例很可能蕴含着有价值的信息。第二，软件测试存在"测试 ORACLE 问题"。测试准则，即是确认程序输出正确性的机制。所谓测试准则问题就是不存在测试准则，或者没有可靠的测试准则，或者即使有测试准则但应用代价非常高。蜕变测试就是利用这些成功的测试用例，并根据蜕变关系创建衍生（follow-up）测试用例，然后分析这两类测试用例测试后的结果是否满足蜕变关系，从而判断程序是否存在缺陷。因此，蜕变测试是一种可有效解决智能算法测试的软件测试方法，它能在一定程度上解决由于这类软件没有可靠"测试准则"问题带来的挑战。蜕变测试的相关形式化定义如下[5]：

定义 1：假设程序 P 用来计算函数 f，$x_1, x_2, \cdots, x_n(n>1)$ 是 f 的 n 个变量，且 $f(x_1), f(x_2), \cdots, f(x_n)$ 是它们所对应的函数值。若 $x_1, x_2, \cdots, x_n$ 之间满足关系 r 时，$f(x_1), f(x_2), \cdots, f(x_n)$ 满足关系 r_f 即 $r(x_1, x_2, \cdots, x_n) \Rightarrow r_f(f(x_1), f(x_2), \cdots, f(x_n))$，则称 (r, r_f) 是 P 的蜕变关系（Metamorphic Relation，MR）。测试人员可以通过检查分析上述推导式是否成立来判断程序 P 的正确性。

定义 2：使用蜕变关系测试程序 P 时，起初选择的测试用例称为原始测试用例；由原始

测试用例根据关系 r 计算得出的测试用例是该原始测试用例基于蜕变关系(r, r_f)的衍生测试用例。

蜕变测试过程,通常包含以下四个步骤,如图 3-7 所示(为了说明简单,图中假设只有一个原始测试用例、两个衍生测试用例):第一,结合其他测试用例选择的策略(比如路径覆盖测试或等价类划分等)为待测程序 P 生成原始测试用例 x_0;第二,利用这些原始测试用例来测试程序,若都通过测试,且计算结果为 $P(x_0)$,然后进一步分析待测程序的特点,设计构造一系列蜕变关系;第三,根据这些蜕变关系生成衍生测试用例 $r_1(x_0)$,$r_2(x_0)$,并计算衍生测试用例得到测试结果为 $P(r_1(x_0))$ 和 $P(r_2(x_0))$;第四,分析原始测试用例的计算结果 $P(x_0)$ 与衍生用例的输出 $P(r_0(x_0))$、$P(r_2(x_0))$ 是否满足蜕变关系 r_{f1} 与 r_{f2},如果满足蜕变关系则测试通过,否则说明待测程序 P 可能存在缺陷。

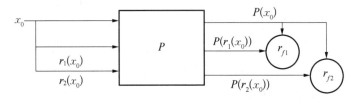

图 3-7　蜕变测试原理与过程示意图

下面举个例子来说明如何应用蜕变测试来检测 sin 函数的程序 P。显然 $P(0°)=0$,$P(30°)=0.5$,$P(90°)=1$,但这些简单、特殊的输入值有时候对于一些程序测试是不充分的。这里假设 $x=37.5°$ 是根据等价类划分策略设计的测试用例,其对应的测试结果为 $P(x)=0.607\,8$,那这个结果是否正确呢?由于无法很容易直接计算 $\sin(37.5°)$,因此 $P(x)$ 是否正确难以直接判断。利用蜕变测试,可以构造如下蜕变关系,$\sin(x)=\sin(180°-x)$ 或 $\sin(-x)=-\sin(x)$,来检查程序 P 的正确性。例如根据 $\sin(x)=\sin(180°-x)$ 的性质,$x'=180°-x=142.5°$,以 x' 为输入执行 P 所得的输出为 $P(x')=0.608\,2$,通过比较 $P(x)$ 和 $P(x')$ 的值,可以发现它们之间不满足蜕变关系 $\sin(x)=\sin(180°-x)$,因此程序 P 中存在缺陷。

通过以上介绍,不难发现蜕变测试具有以下三个特点:第一,蜕变测试通常需要结合其他测试用例生成策略来获得有效的原始测试用例;第二,蜕变测试的核心是根据待测程序的特点设计多组发现缺陷能力强的蜕变关系,并从多个不同的层面来分析测试程序。第三,蜕变测试可以在一定程度上解决测试 ORACLE 问题,非常适合机器学习、数据挖掘、科学计算等程序的测试。

(2) 基于蜕变测试的聚类算法测试　采用蜕变测试技术对聚类算法进行测评,原始测试用例一般就是聚类算法的测试数据集,聚类测试的核心就是如何构造有效的蜕变关系。有效蜕变关系应该具有较强测试功能的蜕变关系,需要覆盖算法核心功能的执行及对各个其他功能的有效验证,它还应当对程序中的缺陷具有很高的敏感度。设计构造聚类测试中有效的蜕变关系最好有领域专家的参与,因为这些专家会比较清楚地知道程序中哪些路径会被执行、数据中的哪些属性更为重要。下面根据 K-均值聚类算法的特点构造如下四类蜕变关系[6, 12]：

MR 1.1：属性全局仿射变换的一致性。如果对原始测试用例中的每个属性值 $x^{(i)}$ 做仿射变换：

$$f(x^{(i)}) = ax^{(i)} + b(a \neq 0)$$

得到衍生测试用例，则聚类结果不变。

MR 1.2：属性局部仿射变换的一致性。如果对原始测试用例中的每个属性列 $x_j^{(i)}$ 做仿射变换：

$$f(x_j^{(i)}) = ax_j^{(i)} + b(a \neq 0)$$

得到衍生测试用例，则聚类结果不变。

MR 2.1：数据样本行置换。如果对原始测试用例中的任意两行数据样本做行置换得到衍生测试用例，则聚类结果不变。

MR 2.2：数据样本列置换。如果对原始测试用例中的任意两列属性做列置换得到衍生测试用例，则聚类结果不变。

MR 3：增加不提供信息属性。在原始测试用例的基础上，增加一列属性，增加的属性值全部相同，即这列属性值与原始测试用例中属性信息无关，得到衍生测试用例，则聚类结果不变。

MR 4：复制单个数据样本。在原始测试用例基础上，增加一个数据样本，增加的样本与原始测试用例中某一个样本相同，得到衍生测试用例，则聚类结果不变。

这里通过 Apache Mahout 中实现的 K-均值算法为例，对其进行蜕变测试。在 Mahout 中 K-均值算法可以通过 KMeansClusterer 或 KMeansDriver 类运行。前者以 in-memory 方法对数据点进行聚类，而后者是通过启动一个 MapReduce 作业来执行 K-均值程序。在这个例子中，可以使用 Mahout 中随机数据点生成器来生成三类数据，每个样本包含 8 个属性，共生成 1 000 个随机数据样本。Mahout 的 K-均值程序中，以欧氏距离作为相似性度量准则，并可以指定迭代终止的阈值条件及迭代次数。

表 3-1 列出了实验结果，并给出了 K-均值算法的适用性分析，"Y"表示原始测试用例与衍生测试用例的测试结果与预期结果一致，"N"表示不一致。

表 3-1　基于蜕变测试的测试结果及 K-均值算法的适用性分析

MR	一致性	K-均值算法的适用性分析
MR 1.1	Y	属性全局仿射变换的一致性
MR 1.2	Y	属性局部仿射变换的一致性
MR 2.1	N	初始聚类质心的改变将影响聚类结果

（续表）

MR	一致性	K-均值算法的适用性分析
MR 2.2	Y	对数据维的顺序不影响聚类结果
MR 3	Y	增加一列无关属性(属性值相同)，不改变聚类结果
MR 4	N	增加重复数据样本将改变聚类结果

从表 3-1 中可以看出，在蜕变条件 MR 1.1、MR 1.2、MR 2.2 与 MR 3 的情况下，原始测试用例与衍生测试用例与预期结果一致，而在蜕变条件 MR 2.1 与 MR 4 的情况下出现了不一致的情况。对于这种情况需要对 K-均值聚类算法加以认真分析才能得出最终结论，究竟是程序实现存在缺陷，还是另有原因。

MR 1.1 和 MR 1.2 分别对测试数据的属性做仿射变换，从测试的实验结果可以看出 K-均值聚类算法对于属性无论作全局或是局部仿射变换，其聚类的结果不变。

MR 2.1 要求对数据样本行置换后聚类结果不变，但实验结果出现聚类结果的不一致性。仔细分析 K-均值算法，其第一步就是初始聚类质心的选择，Mahout 中 K-均值算法是采用随机的方法选择初始聚类质心，不同的初始聚类质心，可能带来不同的迭代次数，甚至不同的聚类结果。当数据样本行置换后，很可能使得聚类质心的改变，从而导致聚类结果的不一致。这样的测试结果并不能简单地认为程序存在错误，反而说明了 K-均值算法的适用性。K-均值算法在 Mahout 的实现中对初始聚类质心的选择是敏感的，换句话说聚类的结果和效率与初始聚类质心的选择有关。MR 2.2 数据样本列置换的测试结果与预期一致，这主要由于列置换后数据样本之间的距离度量不变。

MR 3 要求增加不提供信息的属性，其测试结果和预期一致，这主要由于增加的一列尽管改变了数据样本之间距离的绝对值，但并不影响它们之间的相对距离。可以测试验证的是，如果增加的列中属性值是不同的话，那么聚类结果就会改变。

MR 4 要求复制单个数据样本，也就是说衍生测试用例中有两个重合的点，应该不会影响聚类的结果，但事实上聚类结果与预期不一致。其主要原因一方面是由于 K-均值算法随机选择聚类质心的策略导致的，另一方面是因为每次迭代后的聚类中心改变引起的。

3.2.4　聚类质量的评估

聚类分析属于无监督学习方法，即没有关于数据集类别情况的先验知识，也就是说，事先不知道数据集的内部结构。给定一个数据集，每一种聚类算法都可以将数据聚合成不同的簇，然而不同的方法通常会得出不同的聚类结果。甚至同一种聚类方法，如果选择不同的参数或交换数据集中数据的位置，都可能影响最后的聚类结果。比如在 K-均值算法中，随机选择不同的聚类质心就可能产生不同的聚类结果，而且还有可能影响迭代计算的效率。

因此有必要讨论聚类质量的评估,一方面为用户选择聚类算法提供依据,另一方面让用户对聚类的结果有信心。上一节讨论了聚类算法的测试方法,即利用蜕变测试来保证算法的正确性及其适用性。本节将讨论如何评估聚类算法。

一般而言,聚类质量评估,通常与处理的数据集的特征、使用的聚类算法、算法的参数值等因素有关。如果聚类算法对数据集内在结构的假设不符合数据集的真实情况,那么聚类结果就不能正确反映数据集的内在结构。此外,即使聚类算法假设合理,也可能因为选择了不合理的参数而难以得到满意的聚类结果。

从广义上讲,聚类有效性评估包括:聚类质量的度量、聚类算法匹配数据集的程度以及最优的聚类数目等。聚类结果的评估通常采用三种有效性指标:外部指标(External Indices)、内部指标(Internal Indices)和相对指标(Relative Indices)[7]。

1) 外部指标

外部指标,即计算聚类结果与已有的标准分类结果的吻合程度。本节将介绍 F-Measure指标、信息熵(Entropy)指标、Rand 指数和 Jaccard 指数等聚类质量度量指标。

(1) F-Measure F-Measure 利用信息检索中的准确率(Precision)与召回率(Recall)思想来进行聚类质量的评价。聚类结果中的类簇 j 与真实分类 i 的准确率与召回率的定义如下:

$$Precision(i, j) = \frac{N_{ij}}{N_j}$$

$$Recall(i, j) = \frac{N_{ij}}{N_i}$$

其中,N_{ij} 代表类簇 j 中类别为 i 的样本数,N_j 代表类簇 j 样本数,N_i 代表类别 i 中的样本数。F-Measure 是对准确率与召回率的加权调和平均,其计算公式为:

$$F(i, j) = \frac{2 * Precision(i, j) * Recall(i, j)}{Precision(i, j) + Recall(i, j)}$$

因此,整个聚类结果的 F-Measure 由每个分类 i 的加权平均得到,其计算公式为:

$$F = \sum_i \frac{N_i}{N} F(i, j)$$

其中,N 代表聚类的总样本数。F-Measure 的值越高,则聚类的效果越好。通过 F-Measure 来评价聚类算法的优点是,信息检索领域的研究人员对该指标非常熟悉,而且准确率与召回率的指标可以比较直观地解释聚类质量。

(2) 信息熵指标 假设数据集 C 可以分 K 个簇,其样本数为 N,其中类簇 C_i 的样本数为 N_i,则该类簇的信息熵定义为:

$$\text{Entropy}(C_i) = -\frac{1}{\log q} \sum_{i=1}^{q} \frac{N_i^j}{N_i} \log \frac{N_i^j}{N_i}$$

其中，q 为数据集中类簇的数目，N_i^j 表示类簇 C_i 与类簇 C_j 的交集，整个聚类结果的信息熵定义为：

$$\text{Entropy}(C) = \sum_{i=1}^{k} \frac{N_i}{N} \text{Entropy}(C_i)$$

信息熵反映了同一类样本在结果簇中的分散度，同一类样本在结果簇中越分散，则信息熵值越大，聚类效果越差。当同一类样本属于一个类簇时，信息熵值为 0。

（3）Rand 指数和 Jaccard 指数　设数据集 X 的聚类结果类簇为 $C = \{C_1, C_2, \cdots, C_m\}$，数据集的真实聚类为 $P = \{P_1, P_2, \cdots, P_s\}$，$C$ 中的类数 m 和 P 中的类数 s 不一定相同，可以通过对 C 和 P 进行比较来评估聚类结果的质量。对数据集中任一对点 (x_i, x_j) 计算下列项：

① 两点属于 C 中同一簇，并且属于 P 中同一类。

② 两点属于 C 中同一簇，并且属于 P 中不同类。

③ 两点属于 C 中不同簇，并且属于 P 中同一类。

④ 两点属于 C 中不同簇，并且属于 P 中不同类。

①和④用来描述两个分类的一致性，②和③用来描述聚类对于真实分类的偏差。a、b、c、d 分别表示①、②、③、④项的数目。C 和 P 的相似程度可以用 Rand 指数和 Jaccard 指数来定义：

Rand 指数：

$$R = \frac{a+b}{a+b+c+d}$$

Jaccard 指数：

$$J = \frac{a}{a+b+c}$$

Rand 指数和 Jaccard 指数用于度量聚类算法的聚类结果与真实聚类的相似度，显然 Rand 指数 R 值越大，相似程度越好，聚类效果就越好。同理，Jaccard 指数 J 越小，聚类效果越差。

2）内部指标

内部指标不依赖于外部信息，如分类的先验知识。很多情况下，事先并不清楚数据集的结构，聚类结果的评估就只能依赖数据集自身的特征。因此，内部指标的评估是直接从原始数据集中检查聚类的效果。本节将主要介绍簇内误差和 Cophenetic 相关系数。

（1）簇内误差　簇内误差，即任意点与其质心的距离的平方和。好的聚类算法应该保证簇内误差最小化。实际上，簇内误差最小化就是 K -均值算法需要优化的目标函数。簇内误差的定义如下：

$$V(C) = \sum_{C_k \in C} \sum_{x_i \in C_k} \delta(x_i, \mu_k)^2$$

其中，C 为所有的簇，μ_k 是 C_k 的质心，$\delta(x_i, \mu_k)$ 是距离度量函数，即数据点 x_i 与其对应的簇的质心距离。因此簇内误差越小，聚类效果越好。

（2）Cophenetic 相关系数　层次聚类得到的树形图可用 Cophenetic 矩阵 P_c 表示，P_c 的元素 c_{ij} 是数据 x_i 和 x_j 首次在同一个簇中的距离值，P 是数据点的相似性矩阵，P 的元素为 d_{ij}。可以采用 Cophenetic 相关系数来度量层次聚类的质量，公式定义如下：

$$CPCC = \frac{\left(\frac{1}{M}\right) \sum_{i=1}^{N-1} \sum_{j=i+1}^{N} d_{ij} c_{ij} - \mu_{iP} \mu_c}{\sqrt{\left[\left(\frac{1}{M}\right) \sum_{i=1}^{N-1} \sum_{j=i+1}^{N} d_{ij}^2 - \mu_P^2\right] \sum_{i=1}^{N-1} \sum_{j=i+1}^{N} c_{ij}^2 - \mu_c^2}}$$

其中，$M = N(N-1)/2$，N 是数据的个数；μ_P 和 μ_c 分别是矩阵 P 和 P_c 的均值；$CPCC$ 的取值范围是 $[-1, 1]$，$CPCC$ 的值越接近 1，说明两个矩阵相关性越好，层次聚类的效果越好。

有兴趣的读者可以进一步参考《数据聚类算法》[7]。另外，Teknomo 博士的《层次聚类指南》[8] 给出了如何利用 Cophenetic 相关系数度量层次聚类效果的实例。

3）相对指标

相对指标评价方法的基本思想是，在同一个数据集上，用同一种聚类算法取不同的输入参数从而得到的相应的聚类结果，对这些不同的聚类结果，再应用已定义的有效性函数作比较来判断最优划分。

聚类算法性能的评估是聚类分析流程中重要的阶段，然而迄今为止，还没有一个对所有应用领域、各种聚类算法都普遍适用的评估方法。因此，对于聚类算法的评估，应该首先分析其应用领域、采用的聚类算法特点及数据属性特点，然后选用多个评估指标来人为分析与判断。

3.3　分类算法及评估

3.3.1　分类及其在大数据中的应用

对于分类问题，其实大家并不陌生，人类大脑每天都会做各种分类操作，只是可能人们并不在意。比如，人们小时候就会对食物作出分类，冰淇淋属于甜的食物，咸蛋则属于咸的食物；看电影后也通常会对电影作出分类，是动作片还是爱情片等。在计算机领域，分类算法通常让计算机判断一个对象是不是属于某种类型，或者该对象是不是含有某些属性，这类算法是预测分析的核心技术。分类的目的是根据数据集的特点构造一个分类模型(也称为分类器),该模型能把未知类别的样本自动映射到某一指定类别。分类算法和回归算法都可以用于预测分析,和回归算法不同的是,分类算法输出的是离散的类别,而回归算法的输出是连续值。

分类算法与前一节介绍的聚类算法不同的是,分类算法需要事先定义好类别,并对训练样本进行人工标记。分类算法通过有标记的训练样本,学习得到分类器,该分类器可对新样本自动分类,分类的流程如图 3-8 所示。分类算法是一种有监督的机器学习算法。

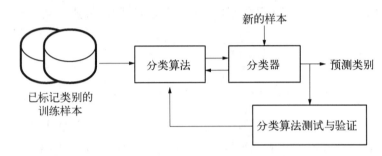

图 3-8　分类的流程

分类算法在大数据分析与挖掘中亦有广泛的应用。以金融领域的信用卡申办为例,分类算法能基于用户的信用信息或其他信用卡的交易信息,自动对用户的信用度做出预测,帮助银行判断是否同意发卡。在社交网络分析领域,分类算法能自动对帖子的内容是否属于色情淫秽做出分析,从而帮助管理员判断是否删除相关帖子。在个性化推荐领域,分类算法能根据用户的行为,如对商品的评论或是否点击浏览该商品的详细信息等,自动分析用户是否喜欢该商品。

3.3.2　分类的典型算法及分析

分类的算法种类繁多,大致可分为单一型分类算法和组合型分类算法。单一型分类算法有 KNN(K 近邻)、决策树、朴素贝叶斯、支持向量机、人工神经网络等;组合型分类算法是组合单一型分类算法的集成学习算法,如 Bagging 和 Boosting 算法等。本节主要介绍朴素贝叶斯和支持向量机这两类经典并应用广泛的分类算法,及其在大规模数据集下的并行算法。

1) 朴素贝叶斯分类算法

朴素贝叶斯算法是一种基于贝叶斯理论的分类算法,尤其适用于样本的特征维数很高的情形,如垃圾邮件分类、文本分类等应用。贝叶斯分类算法的基本思想如下:

假设 $x = (x_1, x_2, \cdots, x_m)$ 为数据集中的某一样本,其中 x_i 是该样本的第 i 个特征,并有类别集合 $C = \{y_1, y_2, \cdots, y_k\}$;可以计算概率 $p(y_1 \mid x)$,$p(y_2 \mid x)$,$\cdots$,$p(y_k \mid x)$;若 $p(y_i \mid x) = \max\{p(y_1 \mid x), p(y_2 \mid x), \cdots, p(y_k \mid x)\}$,则 $x \in y_i$,即 x 属于 y_i 类。

朴素贝叶斯分类算法基于朴素贝叶斯假设,即在给定类别信息 y_i 的条件下,x 的特征 x_i 之间互相独立,这也是为什么这个分类算法称为朴素贝叶斯分类算法。

根据概率论中的贝叶斯定理:

$$p(y_i \mid x) = \frac{p(x \mid y_i)p(y_i)}{p(x)}$$

考虑到分母对于所有类别为常数,因此只需要考虑分子部分,根据朴素贝叶斯的假设,x 的特征 x_i 之间互相条件独立,因此有:

$$p(x \mid y_i)p(y_i) = p(x_1 \mid y_i)p(x_2 \mid y_i)\cdots p(x_m \mid y_i)p(y_i) = p(y_i)\Pi_{j=1}^m p(x_j \mid y_i)$$

遍历整个数据集,可以统计得到在 k 个类别下各个特征的条件概率估计,即

$$p(x_1 \mid y_1), p(x_2 \mid y_1), \cdots, p(x_m \mid y_1)$$
$$p(x_1 \mid y_2), p(x_2 \mid y_2), \cdots, p(x_m \mid y_2)$$
$$\cdots$$
$$p(x_1 \mid y_k), p(x_2 \mid y_k), \cdots, p(x_m \mid y_k)$$

根据以上的贝叶斯公式,可以计算得出 $p(y_i \mid x)$,$i=1,\cdots,k$,从而预测样本 x 属于哪一类。

朴素贝叶斯分类算法的伪代码如下:

$$\text{Compute} \quad p(x \mid y_i) = \Pi_{j=1}^m p(x_j \mid y_i), j=1,\cdots,m, i=1,\cdots,k$$

$$p(y_i), i=1,\cdots,k$$

$$\arg\max_{y_i} p(y_i \mid x) = \arg\max_{y_i} p(x \mid y_i)p(y_i)$$

表 3-2 给出一个具体的例子,即根据用户的年龄、收入、学历、信用等级等信息来判断用户是否会购买电脑。

表 3-2 用 户 信 息

用户样本	年 龄	收 入	大学以上学历	信用等级	是否购买
1	≤30	High	No	Fair	No
2	≤30	High	No	Excellent	No
3	31~40	High	No	Fair	Yes
4	>40	Medium	No	Fair	Yes
5	>40	Low	Yes	Fair	Yes
6	>40	Low	Yes	Excellent	No

（续表）

用户样本	年 龄	收 入	大学以上学历	信用等级	是否购买
7	31～40	Low	Yes	Excellent	Yes
8	≤30	Medium	No	Fair	No
9	≤30	Low	Yes	Fair	Yes
10	>40	Medium	Yes	Fair	Yes
11	≤30	Medium	Yes	Excellent	Yes
12	31～40	Medium	No	Excellent	Yes
13	31～40	High	Yes	Fair	Yes
14	>40	Medium	No	Excellent	No

假设现在有一个用户样本如下：$x=$（年龄＝Youth，收入＝Medium，大学以上学历＝Yes，信用等级＝Fair），该用户是否会购买电脑？

$p(y_1)=p$（购买电脑＝Yes）＝9/14＝0.643

$p(y_2)=p$（购买电脑＝No）＝5/14＝0.357

p（年龄＝Youth｜购买电脑＝Yes）＝2/9＝0.222

p（年龄＝Youth｜购买电脑＝No）＝3/5＝0.600

p（收入＝Medium｜购买电脑＝Yes）＝4/9＝0.444

p（收入＝Medium｜购买电脑＝No）＝2/5＝0.400

p（大学以上学历＝Yes｜购买电脑＝Yes）＝6/9＝0.667

p（大学以上学历＝Yes｜购买电脑＝No）＝2/5＝0.400

p（信用等级＝Fair｜购买电脑＝Yes）＝6/9＝0.667

p（信用等级＝Fair｜购买电脑＝No）＝2/5＝0.400

$p(x｜$购买电脑＝Yes）

$\quad=p$（年龄＝Youth｜购买电脑＝Yes）• p（收入＝Medium｜购买电脑＝Yes）

$\quad$• p（大学以上学历＝Yes｜购买电脑＝Yes）

$\quad$• p（信用等级＝Fair｜购买电脑＝Yes）＝0.222×0.444×0.667×0.667

$\quad=0.044$

$p(x｜$购买电脑＝No）

$\quad=p$（年龄＝Youth｜购买电脑＝No）• p（收入＝Medium｜购买电脑＝No）

$\quad$• p（大学以上学历＝Yes｜购买电脑＝No）

$\quad$• p（信用等级＝Fair｜购买电脑＝No）＝0.600×0.400×0.200×0.400

$\quad=0.019$

$p(x|购买电脑＝Yes) \cdot p(购买电脑＝Yes)＝0.044×0.643＝0.028$

$p(x|购买电脑＝No) \cdot p(购买电脑＝No)＝0.019×0.357＝0.007$

$p(x|购买电脑＝Yes) \cdot p(购买电脑＝Yes)＞p(x|购买电脑＝No) \cdot p(购买电脑＝No)$

因此,可预测 $x＝$(年龄＝Youth,收入＝Medium,大学以上学历＝Yes,信用等级＝Fair)的用户会购买电脑。

细心的读者可能会发现这样的一个问题。以上例子中如果出现这样一个用户样本, $x＝$(年龄＝Youth,收入＝Medium,大学以上学历＝Yes,信用等级＝Poor),该用户是否会购买电脑? 这里信用等级为Poor,这个属性值第一次出现。那么可以计算得到概率 p(信用等级＝Poor|购买电脑＝Yes)＝0/9＝0, $p(x|$购买电脑＝Yes)＝0, $p(x|$购买电脑＝Yes) $\cdot p$(购买电脑＝Yes)＝0。这显然不符合逻辑,因为信用等级差的用户也可能购买电脑。因此,这里需要引入统计学的概念,即拉普拉斯平滑(Laplace smoothing), $p(y_i)＝$(属于 y_i 的样本数＋1)/(所有的样本数＋类别数),即 p(信用等级＝Poor|购买电脑＝Yes)＝1/(9＋2)＝0.009。

尽管朴素贝叶斯分类算法对于样本数据稀疏时非常敏感,但仍然是应用最广的分类算法之一,被广泛应用于文本分类领域、用户行为分析等大数据分析挖掘领域。尽管朴素贝叶斯是最简单的贝叶斯网络,但理解应用朴素贝叶斯分类算法及拉普拉斯平滑技巧需要读者具备基本的概率统计知识。有兴趣的读者可以参考相关的机器学习教材,如微软剑桥研究院的 Christopher M. Bishop 的《模式识别与机器学习》[9]。

2) 支持向量机算法

支持向量机(Support Vector Machines,SVM)是建立在统计学习理论 VC 维(Vapnik-Chervonenkis Dimension)和结构风险最小化原理基础上的分类算法,在解决非线性和高维数据的分类问题中表现出很好的性能,并在很大程度上克服了"过拟合"和"维数灾难"等问题。

支持向量机算法的目标是寻找一个满足分类要求的最优分类超平面,使得该超平面在保证分类精度的同时,能够使超平面两侧的间隔最大化,如图 3-9 所示。

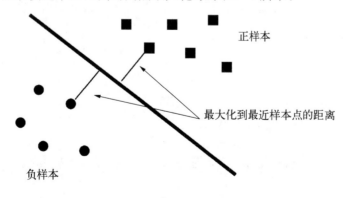

图 3-9 线性的支持向量机

以两类数据分类为例,给定训练样本 $(x^{(i)}, y^{(i)})$, $i = 1, 2, \cdots, m$, $x \in R^n$, $y \in \{-1, +1\}$,超平面记为: $w^T x + b = 0$, $w \in R^n$, $b \in R$。为保证最优的分类超平面,应满足如下约束:

$$y^{(i)}(w^T x^{(i)} + b) \geqslant 1, \, i = 1, 2, \cdots, m$$

即所有样本点的函数间隔至少为 1。

支持向量机的目标是最大化分类的几何间隔 $\dfrac{2}{\|w\|}$,因此可以将构造最优超平面,并使几何间隔最大化的问题,转化为如下的约束最小化问题:

$$\min \frac{1}{2} \| w \|^2$$

$$\text{s.t.} \quad y^{(i)}(w^T x^{(i)} + b) \geqslant 1, \, i = 1, 2, \cdots, m$$

为了求解这个线性不等式约束条件下的二次规划(Quadratic Programming, QP)问题,引入 Lagrange 乘数法:

$$L(w, b, \alpha) = \frac{1}{2} \| w \|^2 + \sum_{i=1}^m \alpha_i [y^{(i)}(w x^{(i)} + b) - 1]$$

其中, α_i 是拉格朗日算子。将上式对 w、b 求偏导数并设为 0,可以得到以下两个等式:

$$w = \sum_{i=1}^m \alpha_i y^{(i)} x^{(i)}$$

$$\sum_{i=1}^m \alpha_i y^{(i)} = 0$$

将以上二次优化问题转化为相应的对偶优化问题,即:

$$\max_\alpha W(\alpha) = \sum_{i=1}^m \alpha_i - \frac{1}{2} \sum_{i, j=1}^m y^{(i)} y^{(j)} \alpha_i \alpha_j < x^{(i)}, x^{(j)} >$$

$$\text{s.t.} \quad \alpha_i \geqslant 0, \, i = 1, \cdots, m$$

$$\sum_{i=1}^m \alpha_i y^{(i)} = 0$$

求解以上优化问题,可以得到:

对于 $\alpha_i > 0$ 的点,有 $b = y^{(k)} - w^T x^{(k)}$,其中 $w = \sum_{i=1}^m \alpha_i y^{(i)} x^{(i)}$。

由于大部分 α_i 的值都为 0, $\alpha_i > 0$ 对应的 $x^{(i)}$ 则是支持向量,因此最优分类函数为:

$$f(x) = sign\big(\sum_{i=1}^m \alpha_i y^{(i)} x^{(i)^T} x^{(i)} + b \big)$$

为了提高支持向量机处理异常点的能力,需要引入正则化来处理不能线性可分的数据集,可以通过引入松弛变量 ξ_i 来解决,这时的约束最小化问题如下:

$$\min \frac{1}{2} \parallel w \parallel^2 + c \sum_{i=1}^{m} \xi_i$$

$$\text{s. t.} \quad y^{(i)}(w^T x^{(i)} + b) \geqslant 1 - \xi_i, \ i = 1, 2, \cdots, m$$

$$\xi_i \geqslant 0, \ i = 1, 2, \cdots, m$$

其中,C 是正则化因子,可以通过 C 来控制样本的过拟合问题。

到目前为止,讨论的数据集都是总体上线性可分的(最多包括少数异常点)。对于线性不可分的情况,支持向量机的核心思想是将输入数据的特征向量映射到高维的特征向量空间,并在该特征空间中构造最优的分类面,这种方法称为核技巧(Kernel Trick)。

因此,可以通过某个映射函数 φ 将原始空间的向量 x 映射到高维空间,即 $\varphi: x \rightarrow \varphi(x)$。称 $K(x^{(i)}, x^{(j)}) = \varphi(x^{(i)})^T \varphi(x^{(j)})$ 为核函数。以空间点的特征向量 $\varphi(x)$ 代替原始向量 x,可以得到最优分类函数为:

$$f(x) = sign \big(\sum_{i=1}^{m} \alpha_i y^{(i)} \varphi(x_i)^T \varphi(x) + b \big)$$

支持向量机的实际应用中,核函数常用高斯核或多项式核。

下面给出基于支持向量机分类的实际例子如图 3 - 10 所示,图 3 - 10a 为总体线性可分的例子,正则化因子 $C = 1$ 时计算得到的分类决策边界;图 3 - 10b 为线性不可分的例子,采用了高斯核计算得到的分类决策边界。

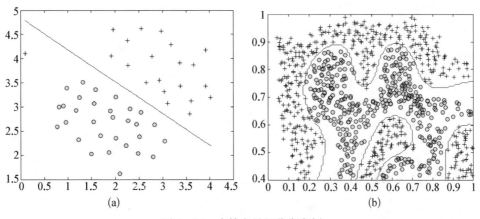

图 3 - 10　支持向量机分类实例

要理解上述公式需要非线性优化理论和机器学习的背景,如果读者有兴趣可以查阅相关机器学习教材,如斯坦福大学的 Hastie. T 教授等编写的《统计学习基础》[10]。

3) 并行化分类算法

序列最小优化(Sequential Minimal Optimization,SMO)算法是最快的二次规划优化

算法,支持向量机的分类采用的就是 SMO 算法。然而,SMO 算法是一种坐标上升算法,这种算法是基于迭代优化的思想,难以采用 MapReduce 并行化。因此,本节将重点介绍基于 MapReduce 的朴素贝叶斯算法,该算法的核心是输出分类模型。

(1) Mapper 任务　Mappper 任务将数据集分成子集并发送到各个 Mapper 节点,每个 Mapper 节点分别执行任务,即统计输入数据的类别和属性,类别为 key,属性的统计数为 value,并组成中间结果传递到 Reducer 节点。

```
Input：the training dataset
Output：<key, value> pair
for each sample do
        Parse the category and the value of each attribute
for each attribute value do begin
        key：= category
        value：= frequencies of the attribute
end
output <key, value>
```

(2) Reducer 任务　Reducer 任务统计(累加)某个类别下的属性数,其结果是这样的形式(类别,属性 1: 值,…,属性 n: 值),并且输出训练结果。训练阶段的伪代码如下:

```
Input：the key and value output by map function
Output：<key, value>pair
Sum：= 0
for each sample do begin
sum + = ：value. next. get()
key：= category
value：= sum
output<key,value>
```

3.3.3　分类算法的测试

在分类算法的研究领域中,人们主要关心两个方面:一方面是如何构建更精确的模型,获得更好的分类结果;另一方面是如何通过并行计算提高算法的计算效率。然而,分类算法形式化证明并不能保证分类算法实现的正确性。此外,并行计算将进一步带来算法实现的复杂性。遗憾的是,如何保证分类算法正确性的研究还比较少。因此,本节将介绍如何利用蜕变测试的思想来测试朴素贝叶斯分类算法。

1) 测试数据的设置

本节将对另一个著名的数据挖掘与机器学习软件包 Weka[11]中实现的朴素贝叶斯算法进行测试分析。在分析构造朴素贝叶斯算法测试需要的蜕变关系之前,先介绍一些描述数据集的基本概念与符号,数据集如图 3-11 所示。

$$
\begin{array}{c}
k \text{个样本}
\end{array}
\begin{bmatrix}
27, 81, 88, 59, 15, 16, 88, 82, 41, 17, 81, 98, 42, \cdots, & 0 \\
15, 70, 91, 41, 5, 3, 65, 27, 82, 64, 58, 29, 19, \cdots, & 0 \\
82, 3, 51, 47, 73, 4, 1, 99, 1, 51, 84, 1, 41, \cdots, & 1 \\
\cdots\cdots \\
22, 72, 11, 92, 96, 24, 44, 92, 55, 11, 12, 44, 84, \cdots, & 0 \\
57, 77, 33, 86, 89, 77, 61, 76, 96, 98, 99, 21, 62, \cdots, & 1
\end{bmatrix}
$$

m维属性　　　　　　　标签

图 3-11　分类算法数据集的例子

数据集中有 k 个训练样本 $S = [s_0, s_1, \cdots, s_{k-1}]$,$s_i \in R^m$,即每个向量具有 m 维属性,其类标签 $S = [c_0, c_1, \cdots, c_{k-1}]$,$c_i \in L = [l_0, l_1, \cdots, l_{n-1}]$。朴素贝叶斯分类算法的目标是对于一个未标签的测试用例 t_s,给出相应的类别 $c_i \in L$ 信息。

2) 朴素贝叶斯分类算法中蜕变关系的识别

通过与领域专家一起分析,针对朴素贝叶斯分类算法的特点可以构造如下五类蜕变关系[12]:

MR 1.1:全局仿射变换的一致性。如果对原始测试用例中的每个属性值 $x^{(i)}$ 做线性变换 $f(x^{(i)}) = ax^{(i)} + b(a \neq 0)$ 得到衍生测试用例,则分类结果不变。

MR 1.2:局部仿射变换的一致性。如果对原始测试用例中的每个属性列 $x_j^{(i)}$ 做线性变换 $f(x_j^{(i)}) = ax_j^{(i)} + b(a \neq 0)$,得到衍生测试用例,则分类结果不变。

MR 2.1:类标签的置换。如果对原始测试用例中的类标签作统一置换,比如原先属于类别 0 的全部置换为类别 1,而把类别 1 全部置换为 0,则分类结果也应作相应置换。

MR 2.2:列置换。如果对原始测试用例中的任意两列属性做交换得到衍生测试用例,则分类结果不变。

MR 3:增加不提供信息属性。在原始测试用例基础上,增加一列属性,增加属性值全部相同,即与原始测试用例中属性信息无关,得到衍生测试用例,则分类结果不变。

MR 4:复制全部样本。如果把原始测试用例中的所有样本全部复制一份,增加到原始用例上得到衍生测试用例,则分类结果不变。

MR 5:移除某一类。对于原始测试用例,假设对于某一个测试样本 t_s 得到结果 $c_t = l^i$。在衍生测试用例中移除 S 中标签不为 l^i 的某一类样本,分类结果不变。例如原始测试用例 S 对应的标签为 $[A, A, B, B, C, C]$,并且 $l^i = A$,那么移除后的测试用例 S 对应的标签为 $[A, A, B, B]$。

3) 朴素贝叶斯分类算法的测试结果与分析

通过蜕变测试发现，Weka 软件中实现的朴素贝叶斯分类算法出现了原始测试用例和衍生测试用例的测试结果与预期结果不一致的情况，也就是说违反了蜕变关系的约束。

可以发现 MR 1.1、MR 1.2 和 MR 5 三个蜕变关系的违反主要是由于计算精度的问题导致的。因为在朴素贝叶斯算法中涉及大量的概率计算。例如假设某一类情况发生的概率为 $P=0.000\,000\,000\,000\,000\,1$，那么不发生的概率为 $1-P=0.999\,999\,999\,999\,999\,9$，由于 Weka 实现这些变量的时候采用"double"的数据类型，其小数部分最多为 16 位，因此不发生的概率就被计算为 1.0，从而导致以上三个蜕变关系在某些测试用例上违反的情况。

蜕变关系 MR 5 的违反还有另外一个原因，那就是在朴素贝叶斯分类算法中提到的拉普拉斯平滑技巧，即 $p(y_i)=$（属于 y_i 的样本数 $+1$）/（所有的样本数 $+$ 类别数）。由于 MR 5 中删除了某些类别，因此 $p(y_i)$ 在原始测试用例与衍生测试用例中计算结果会出现不一致，这就导致了最终分类结果的不一致。同理，蜕变关系 MR 2.1 的违反也是由于以上概率计算的不一致导致。

蜕变测试是一种非常有效而且容易实现的自动化测试方法，除了以上的朴素贝叶斯测试以外，还可以应用于其他分类算法，如支持向量机、K-近邻等算法等。应用蜕变测试的关键是设计合理、高效的蜕变关系，这些蜕变关系可以从不同路径、不同方面来检查程序的缺陷。同时，将蜕变测试应用于大数据智能算法的测试时，还需要考虑结合其他测试方法，如随机测试、变异测试等来生成大规模、高效的测试用例。

3.3.4 分类器性能的评估

分类算法是解决分类问题的方法，分类算法通过对已知类别训练集的分析建模，学习得到分类器，以此预测新数据的类别。对分类器的性能评估是整个分类流程中重要的环节，这里的性能主要指分类器的分类效果。一方面，可以通过对分类器性能的评估来选择合适的分类算法；另一方面，在分类器的性能评估过程中，可以优化算法的参数，使分类性能不断提升。

如图 3-8 所示，分类算法设计过程中，一般将数据分为两部分，一部分称为训练样本，另一部分称为测试样本。训练集中性能表现很好的分类器，有可能在测试集中分类精度并不高，这种现象称为"分类的过拟合"问题，其本质是分类器的泛化能力比较差。本节中，先介绍分类器性能评估的实验方法[13]，然后介绍分类器性能评估指标。

1) 分类器性能评估的方法

（1）留置法（Hold-Out）　留置法的思想是把数据分为互不相交的两部分，分别称为训练集与测试集。其中训练集用于构造分类器，而测试集用于评估分类器的性能。训练集与测试集的比例通常是 2:1，即 2/3 的样本用于训练集，1/3 样本用于测试集。分类器的性能根据模型在测试集上的准确率估计，可以定义分类性能为：

$$P = \frac{1}{N/3} \sum_{i=1}^{N/3} F(g(x^{(i)}, y^{(i)}))$$

其中，N 是样本数，$F(\cdot, \cdot)$ 是分类性能的评估指标。

（2）随机子抽样（Random Subsampling）　随机子抽样是留置法的改进，其通过留置法的多次迭代，每次随机形成训练集与测试集。随机子抽样的分类器性能为：

$$p = \sum_{j=1}^{K} p_j$$

其中，K 代表迭代的次数，p_j 是第 j 次迭代时分类器的性能。

（3）交叉验证（Cross-validation）　交叉验证中，每个数据用于训练的次数相同，并且恰好测试一次。假设把数据分为相同大小的两个子集，首先选择其中一个子集作为训练集，另一个作为测试集，然后交换两个子集的角色，这种方法称为二折交叉验证。分类总误差通过对两次运行的误差求和得到。K 折交叉验证方法是二折交叉验证的推广，即把数据集分成独立并数量相同的 K 份。每次验证时选择其中的一份作为测试集，其余的 $K-1$ 份都作为训练集，该过程重复 K 次，使得每份数据都用于测试恰好一次。同样，分类的总误差是所有 K 次误差之和。K 折交叉验证方法的一种特殊情况是令 $K=N$，N 是样本的总数，这就是所谓的留一法（Leave-one-out），即每个测试集只有一个数据。留一法的优点是使用尽可能多的训练数据，因为很多情况下已知分类的训练数据是很宝贵的。该方法的缺点是由于整个验证过程需要重复 N 次，因此时间代价和计算代价都比较大。

（4）自助法（Bootstrap）　前面介绍的三种评估方法都是假定训练数据采用不放回抽样，因此训练集和测试集都不包含重复记录。在自助法中，训练数据采用有放回抽样，即已经选作训练的数据将放回原来的数据集中，使得所有数据等概率的被重新抽取。假设数据集有 N 个样本，则一个样本被自助抽样抽取的概率为：

$$p = 1 - \left(1 - \frac{1}{N}\right)^N$$

当 N 充分大时，该概率逼近 $1 - e^{-1} = 0.632$，换句话说就是训练集包含 63.2% 的数据样本，这些数据样本称为自助样本。没有抽中的数据样本就成为测试集的一部分，将在训练集上构建的模型应用到测试集中，得到自助样本分类准确率的一个估计 ε_i，抽样过程重复 M 次，产生 M 个自助样本。

如何计算分类器的总准确率，有几种不同的自助抽样法。常用的方法是 .632 自助法（.632 bootstrap），它通过组合每个自助样本的准确率 ε_i 和由训练集计算的准确率 ε_i 来计算总准确率：

$$p = \frac{1}{M} \sum_{i=1}^{M} (0.632 \cdot \varepsilon_i + 0.368 \cdot \varepsilon_i)$$

2）分类器性能评估指标

如何比较多个分类算法性能优劣呢？可以通过分类器的各项评估指标来度量。这里重点介绍分类准确性、F-Measure、ROC(Receiver Operating Characteristic)曲线[14]。除了这些指标外,分类器性能指标还包括分类时间代价、鲁棒性(如在噪声数据上的准确性)、可解释性等。

(1) 准确性和F-Measure 首先介绍两类分类问题的混合矩阵。在运用分类器对测试集进行分类时,有些样本被正确分类,有些样本被错误分类,这些信息可以通过一个混合矩阵描述,如表3-3所示。

表3-3 分类的混合矩阵

		预 测 类 别	
		+	−
实际类别	+	正确的正例(TP)	错误的负例(FN)
	−	错误的正例(FP)	正确的负例(TN)

① 正确的正例(True Positive,TP):分类器预测正确的正样本。

② 正确的负例(True Negative,TN):分类器预测正确的负样本。

③ 错误的正例(False Positive,FP):分类器预测错误的正样本。

④ 错误的负例(False Negative,FN):分类器预测错误的负样本。

A. 准确性(Accuracy)。准确性定义为测试集中正确分类的样本数占总测试样本的比例:

$$Accuracy = \frac{TP + TN}{TP + TN + FP + FN}$$

B. F-Measure。分类的F-Measure同样利用信息检索中的准确率和召回率来评价。准确率和召回率的定义如下:

$$Precision = \frac{TP}{TP + FP}$$

$$Recall = \frac{TP}{TP + FN}$$

$$F\text{-}Measure = \frac{2 \cdot Precision \cdot Recall}{Precision + Recall}$$

显然,准确性值与F-Measure值越大,分类器的性能越好。

(2) ROC曲线与AUC ROC是接受者操作特性(Receiver Operating Characteristic)的缩写,最早是一种用于信号检测的分析工具。近年来ROC分析被广泛应用于机器学习与数据挖掘领域算法的评估。ROC曲线是个二维坐标图形:

x 轴是错误的正例率(False Positive Rate，FPR)，

$$FPR = \frac{FP}{FP + TN}$$

y 轴是正确的正例率(True Positive Rate，TPR)，

$$TPR = \frac{TP}{TP + FN}$$

ROC 曲线直观地展示了 FPR 与 TPR 之间的对应关系。通过调整分类器的决策阈值，即可以画出该数据集上的 ROC 曲线。显然，ROC 曲线在一个单位方形之中，如图 3-12 所示。

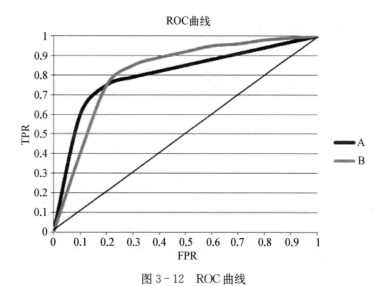

图 3-12 ROC 曲线

在 ROC 曲线中，有几个关键点需要解释。其中，(FPR=0，TPR=0)意味着分类器将每个样本都预测为负例，(FPR=1，TPR=1)意味着分类器将每个样本都预测为正例，(FPR=0，TPR=1)意味着最优的分类器。在 ROC 曲线中，如果曲线 A 始终位于曲线 B 的左上方，则曲线 A 优于曲线 B。显然，一个好的分类器得到的点应该尽可能靠近图形的左上角。

ROC 曲线直观清楚地描述了分类器的性能，但是在实际应用中往往希望用数值来进行评估，例如图 3-12 中 A 和 B 两条曲线，当 FPR 小于 0.2 时 A 优于 B，当 FPR 大于 0.2 时 B 却优于 A。显然，如果仅用 ROC 曲线将两者进行比较，很难评估 A 与 B 曲线对应的分类器哪个性能更好，更无法说明两者之间的差距。因此需要引入 ROC 曲线下方面积(the Area Under the ROC Curve，AUC)指标来解决这个问题。如果 ROC 曲线 B 的 AUC 值大于曲线 A 的值，则 B 对应的分类器性能优于 A。求 AUC 值的最通用方法是通过积分法求 ROC 曲线下方的面积。

有些读者可能会有疑问,已经有了准确性、F-Measure 等指标,为什么还需要 ROC 曲线和 AUC 呢? 这主要是因为 ROC 曲线和 AUC 有一个很好的特性。当测试集中正负样本的分布(正负样本的比例)发生变化时,ROC 曲线和 AUC 的值保持不变。而正负样本的分布会影响准确性、F-Measure 等指标。因为任何既用到实际正例数 $P=TP+FN$ 和实际负例数 $N=TN+FP$ 的指标都会受样本分布改变的影响。而在 ROC 曲线中,FPR 只用到了 N 中的样本,TPR 中只用到了 P 中的实例,因此 ROC 曲线不依赖于样本分布。而在实际应用中,测试样本分布不平衡的现象非常普遍,样本分布不平衡的程度可能达到 1∶10,甚至是 1∶100,这种不平衡的样本分布使得有些评估指标不再适用。

3.4　推荐系统算法及其测评

在大数据时代中,用户快速获取各种信息的同时也面临着数据的"过剩",因为在这些信息中并非所有内容都是用户需要的,这就是大数据时代所带来的"信息过载"问题。由于数据过剩会导致用户无法从海量数据中抽取所需要的信息,因此各种推荐系统应运而生。早期的推荐系统通过搜索引擎检索关键词,并将与关键词相关的内容呈现给用户,但是忽略了用户的兴趣爱好。电子商务网站通常通过使用"热点推荐"为用户提供非个性化推荐,例如淘宝网中的"热点推荐"包括热搜推荐词(如图 3-13 所示)和根据用户地址的热点推荐(如图 3-14 所示)。仅仅通过热点推荐,用户无法在网站上有效而准确地定位到自己所需的信息,而基于大数据的个性化推荐技术被认为是解决该问题最有效的工具。

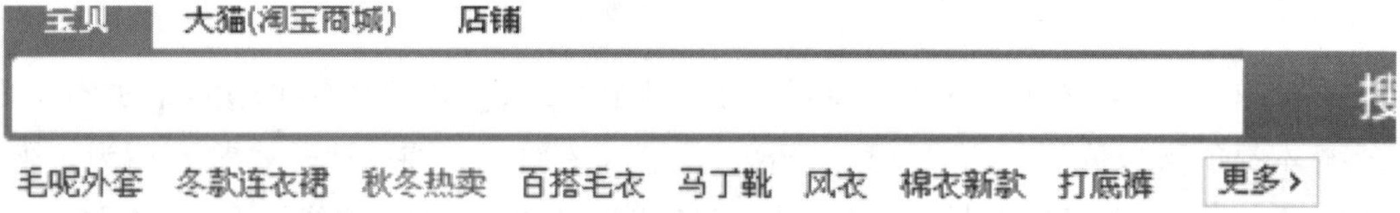

图 3-13　热搜推荐词示意图

图 3-14　根据用户地址的热点推荐示意图

个性化推荐系统是一种利用用户历史行为数据，建立用户行为模型，帮助用户过滤无关信息、提供最能满足用户个性化需求信息的智能系统。一个完整的推荐系统，主要由四个核心模块组成：用户特征的收集模块、用户行为的建模与分析模块、物品的排序与推荐模块、推荐系统的评估模块，如图 3-15 所示。

图 3-15　推荐系统的核心模块与流程

（1）用户特征收集模块　该模块负责收集用户的历史行为，如评分、购买、浏览、评论等行为，这些行为可以用来描述用户的偏好。

（2）用户行为建模与分析模块　该模块根据收集得到的用户历史行为，构建合适的数学模型来分析用户的偏好或找出相似偏好的用户，其建模过程如图 3-16 所示。

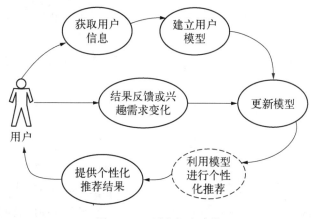

图 3-16　用户行为建模

（3）物品的排序与推荐模块　该模块将用户的行为信息作为特征，通过推荐算法快速获得用户感兴趣的物品，并将物品排序后推荐给用户。物品的排序与推荐是推荐系统中最为核心的模块。

（4）推荐系统的评估模块　该模块负责评估推荐系统是否满足应用的需求，常见的评估指标包括准确度、多样性、新颖性、覆盖率等。

目前，个性化推荐系统已经渗入到人们生活的方方面面。电子商务网站是个性化推荐应用最为成功的领域，美国亚马逊公司就是推荐系统的积极推动者，亚马逊为每个普通用户提供了书籍的评价，以及购买该类书籍的其他用户的购书列表等推荐服务。在电影与视频网站中，个性化推荐也有着重要的应用，美国 Netflix 可为用户推荐和他们曾经喜欢的电影相似的电影；YouTube 根据用户的历史兴趣为用户推荐合适的视频。个性化推荐还被应用于腾讯 QQ 的好友推荐、微博中的感兴趣的人或事的推荐、百度知道中的问题推荐、微软的软件下载推荐等不同领域。

3.4.1 推荐系统算法

近年来推荐系统已成为 Web 智能领域的核心技术,不同的公司与研究者提出了各种推荐系统算法。这些算法根据数据的性质,大致可以分为两大类,即基于内容的推荐算法与协同过滤的推荐算法。基于内容的推荐算法,利用了物品的内容数据,其本质是利用了物品的特征信息。协同过滤推荐算法利用了用户的行为数据,通过用户或物品之间的相似度来做推荐,协同过滤又可以分为基于用户的协同过滤与基于物品的协同过滤。

1) 基于内容的推荐算法

基于内容的推荐算法的基本思想是根据用户已经选择的物品的内容信息,为用户推荐内容上相似的其他物品。比如,如果用户喜欢周星驰的电影《大话西游》,那么基于内容的推荐算法可能就会为用户推荐其他该用户没看过的周星驰的喜剧电影如《九品芝麻官》等。因此基于内容的推荐算法的核心技术是根据物品(Item)的特征计算物品与物品之间内容的相似度。值得注意的是,在推荐算法中物品可能是商品、电影、网页等。

令 $UserProfile(u)$ 为用户 u 的物品偏好向量,该向量可以定义如下:

$$UserProfile(u) = \frac{1}{|N(u)|} \sum_{s \in N(u)} Content(s)$$

其中,$N(u)$ 是用户 u 之前偏好的物品集合,$Content(s)$ 是物品的内容向量,其可以从物品的特征信息中获得。那么,对于任意一个用户 u 和一个他不知道的物品 c,用户物品偏好向量 $UserProfile(u)$ 与 $Content(c)$ 的相似度可定义如下:

$$s(u,c) = sim(UserProfile(u), Content(c))$$

接下来就可以通过比如向量余弦定理度量上述两个向量的相似度,两个向量的夹角越小,则这两个向量的距离越近,也就是这两个向量相似度越高;反之,两个向量的夹角越大,则这两个向量的距离越远,两个向量相似度越低。

基于内容的推荐算法的优点包括:无需使用其他用户数据;能为爱好比较独特的用户进行推荐;能推荐新的或比较冷门的物品;通过列出推荐物品的内容特征来解释推荐的原因;其缺点为:仅适用于物品特征容易抽取的领域,难以挖掘出用户潜在的兴趣。

2) 基于用户的协同过滤推荐

基于用户的协同过滤算法的基本思想是一个用户会喜欢和他有相似偏好的用户喜欢的物品,如表 3-4、图 3-17 所示。

表 3 - 4　用户感兴趣的电影

用户/电影	电影 A	电影 B	电影 C	电影 D
用户 A	√		√	推荐
用户 B		√		
用户 C	√		√	√

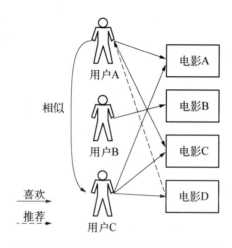

图 3 - 17　基于用户的协同过滤基本思想

基于用户的协同过滤算法主要包括以下两个步骤：

（1）计算用户相似度，找到与目标用户偏好相似的用户集合。

（2）在这个用户集合中分析并找出目标用户可能喜欢，并且没有听说过的物品推荐给目标用户。

对于用户 u 和 v，令 $N(u)$ 是 u 偏好的物品集合，$N(v)$ 是 v 偏好的物品集合，那么用户 u 和 v 的偏好相似度可以用如下的 Jaccard 公式度量：

$$s(u,v) = \frac{|N(u) \bigcap N(v)|}{|N(u) \bigcup N(v)|}$$

事实上，上面用户偏好相似度度量公式的核心是计算用户偏好的物品共现度，共现度越大，则两个用户偏好越相似。

接下来基于用户的协同过滤算法会给目标用户推荐和他兴趣最为相似的 k 个用户偏好的物品。目标用户 u 对物品 i 的偏好程度可用如下公式计算：

$$p(u,i) = \sum_{v \in N(u,k) \bigcap N(i)} s(u,v) r_{vi}$$

其中，$N(u,k)$ 包含与用户 u 偏好最接近的 k 个用户，$N(i)$ 是对物品 i 有过行为的用户集合，$s(u,v)$ 是用户 u 和 v 的偏好相似度，r_{vi} 是用户 v 对物品 i 的兴趣。

3) 基于物品的协同过滤推荐

基于物品的协同过滤算法的基本思想是一个用户会喜欢和他之前喜欢的物品类似的物品,如表 3-5、图 3-18 所示。

表 3-5　用户选择物品的爱好统计

用户/物品	物品 A	物品 B	物品 C
用户甲	√		√
用户乙	√	√	√
用户丙	√		推荐

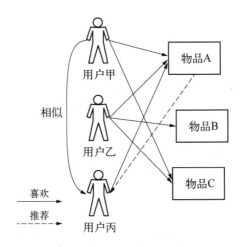

图 3-18　基于物品的协同推荐基本思想

基于物品的协同过滤算法主要包括以下两个步骤:

(1) 计算物品之间的相似度。

(2) 根据物品的相似度和用户的历史行为给用户推荐他们可能感兴趣的物品。

基于物品的协同过滤算法的核心技术是度量物品之间的相似度,算法假设两个物品被越多的人同时喜欢,则两个物品越相似。令 $N(i)$ 是喜欢物品 i 的用户集合,$N(j)$ 是喜欢物品 j 的用户集合,那么物品 i,j 的相似度可以用如下 Jaccard 公式度量:

$$s(i,j) = \frac{|N(i) \bigcap N(j)|}{|N(i) \bigcup N(j)|}$$

事实上,上面物品相似度度量公式的核心是计算物品 i,j 被不同用户偏好的共现度,显然共现度越大,两个物品的相似度越大。

接下来基于物品的协同过滤算法计算目标用户 u 对某个物品 i 的兴趣,计算公式如下:

$$p(u,i) = \sum_{j \in N(u) \bigcap N(i,K)} s(i,j) r_{uj}$$

其中,$N(u)$是用户 u 喜欢的物品集合,$N(i,K)$是和物品 i 最相似的 K 个物品的集合,$s(i,j)$是物品 i 和 j 的相似度,r_{uj}是用户 u 对物品 j 的兴趣。

由于篇幅的原因,不能对推荐系统的算法做更为深入的描述,感兴趣的读者可以进一步阅读《推荐系统实践》[15]。

3.4.2　推荐系统的测评实验

推荐系统的概念自从 20 世纪 90 年代提出以来,已经经历了 20 多年的研究,研究人员设计了各种新的推荐算法。但是,什么是一个好的推荐系统呢？这是推荐系统测评需要回答的问题。推荐系统的测评可以为推荐系统的应用方(电子商务网站或电影视频网站等)选择推荐系统算法提供参考依据。

目前研究人员普遍认为推荐系统的预测准确度非常重要,但事实上对于推荐系统的应用而言往往是不够的。人们使用推荐系统不仅仅是为了获得他们偏好的准确预测,人们很可能对发现新的物品更感兴趣,或者仅仅是浏览各种他们感兴趣的物品,这就涉及新颖性和覆盖率等其他重要指标。

推荐系统的测评仍然是推荐系统设计与应用中的一大挑战,主要是因为：

(1) 不同的推荐算法在不同的数据集上的表现不同；某些算法可能对于小数据集表现不错,但当数据集不断增大,算法的性能和运行速度都可能明显下降。

(2) 推荐系统的评估指标繁多,而且指标之间并不一致。评估指标包括基本的准确度、多样性、覆盖率、惊喜度、可扩展性等。而且,准确度指标和多样性指标本身是一对矛盾。

(3) 推荐系统的不同指标需要通过不同的测试方法来计算度量。比如,准确度可以通过离线计算,但惊喜度就需要通过用户调查才能得出,而有些指标的评估需要在线实验获得。

在解释具体的推荐系统评估指标之前,先介绍推荐系统测评的三种主要的实验方法：离线实验(Offline Experiment)、用户调查(User Study)和在线评估(Online Evaluation)[16]。离线实验使用现有的数据集,利用数据集对用户的行为进行建模,进而来评估推荐系统的性能,如预测的准确度。离线实验的实施在三类实验中的代价是最低的,也是最容易实施的。一个代价更昂贵的测评方法是用户调查,即要求一小部分测试用户使用推荐系统,并执行一组任务,然后回答一些关于他们使用体验的问题。最后,可以在一个部署好的推荐系统上运行大规模实验,称为在线评估。在这样的在线评估实验中,通过真实的用户来测评推荐系统,在线评估实验最接近于推荐系统上线运行后的真实情况。

1) 离线实验

在进行离线实验时,首先需要预先收集用户的行为数据,比如用户的选择或商品评分的数据集,这些数据集可以模拟用户与推荐系统交互的行为。假定收集的用户行为数据,与用户在实际的推荐系统上的行为足够相似,基于这种假设,可以通过离线实验做出可靠的评估。值得注意的是,用于离线实验的数据集应该尽可能与未来部署后的系统产生的数据一致。换句话说,用于离线评估的用户行为数据(用户的评分、用户的选择等)尽可能是无偏的。

离线实验的优势是不需要真实用户的交互,因此可以以较低的代价快速地测试评估各种不同的算法。离线实验的不足之处是这类实验通常只能计算某一个算法的预测能力,无法评估惊喜度、满意度等其他指标。

因此,离线实验的目标是快速过滤掉不合适的算法,留下一小部分候选算法,然后采用代价更大的用户调查或在线实验进行进一步测评调优。这一流程的典型例子是首先在离线实验中调整好算法的参数,然后在用户调查或在线实验中进一步进行算法参数的优化。

2) 用户调查

实施用户调查时,需要招募一些测试人员,并要求他们使用推荐系统来执行若干个任务。当测试人员执行任务时,观察并记录他们的行为,收集任务完成的情况,比如哪些任务已经完成、执行任务花费的时间、任务结果的准确性等。还可以通过用户调查让测试人员回答一些定性的问题,比如是否喜欢用户界面或者用户对完成任务难易程度的感受,这些结果一般无法直接观察得到。

下面是用户调查的一个典型例子,通过用户调查测试推荐系统对用户浏览新闻的影响。研究人员要求测试人员阅读用户感兴趣的新闻,一种场景下为测试人员提供新闻推荐,另一种场景下不提供新闻推荐,检查推荐是否被采用,以及用户在有或没有推荐系统时阅读的不同新闻数目,同时请测试人员回答推荐的新闻是否相关等定性问题。

用户调查是推荐系统评估的重要测试方式,这种方式可以测试用户与推荐系统交互的行为,以及推荐系统对用户行为的影响。用户调查还可以收集定性的数据,这些数据往往对解释定量的结果至关重要。然而,用户调查也有一些缺点。首先,用户调查的成本很高,一方面需要招募大量的测试人员,另一方面需要测试人员完成大量的与推荐系统交互的任务。所以通常情况下,需要控制测试人员的数量及测试任务的规模。因此在实施用户调查时,既要考虑时间成本和人力成本的控制,又要保证收集到数据的统计意义。

此外,还需要考虑测试人员的分布问题,如兴趣爱好、男女比例、年龄、活跃程度的分布都应和真实系统中的用户分布尽量相同。比如,对电影推荐网站进行用户调查实验,如果参与的测试人员都是狂热的电影爱好者,那么测评的结果可能就会有偏差。还需要注意的是,用户调查实验在收集用户执行任务的数据之前最好不要透露实验的目的,以免用户的行为和回答带有主观倾向,如无意识地接受更多的推荐信息。

3) 在线评估

在线评估就是在一个部署好的推荐系统上运行大规模测试,在线评估中通过真实的用户执行真实的任务来测评或比较不同的推荐系统。在线评估是三种实验方法中能获得最真实测评结果的实验方法。在线评估的优势是可以获得推荐系统整体性能评估,如长期的商业利润和用户保持度,而不仅仅是某些单一的指标。因此,可以通过在线评估理解推荐系统的评估指标(如预测的准确度、推荐的多样性)对系统整体性能的影响,从而在选取推荐系统的参数时,可以考虑这些指标之间的折中与平衡。

在许多实际的推荐应用中,系统的设计者希望通过推荐系统来影响用户的行为。因此当用户与采用不同算法的推荐系统交互时,设计者希望通过在线评估来度量推荐系统对于用户行为的影响。举个例子,比如用户在与采用算法 A 的推荐系统交互时,推荐系统为用户推荐了 5 个物品,用户只点击了其中 1 个物品;而用户在与采用算法 B 的推荐系统交互时,推荐系统同样为用户推荐了 5 个物品,而用户点击了其中 4 个物品,那么就认为采用算法 B 的推荐系统优于采用算法 A 的推荐系统。

推荐系统的实际效果取决于多种因素,如用户的真实意图(例如他们的特定需求是什么)、用户的情况(例如他们已经熟悉了哪些物品,他们对推荐系统的信任度有多高),以及推荐系统的用户界面等。

运行在线评估测试,需要考虑以下问题。例如,需要对用户进行随机采样,保证不同推荐系统的测试用户分布尽量相同,这样不同推荐系统的比较才相对公平。此外,如果关注推荐系统的某一项指标,那么尽量保持其他影响因素的一致性。比如,如果关心推荐算法的准确度指标,那么就需要对不同推荐算法采用相同的用户界面;如果关注推荐系统不同的用户界面,那么最好保证其底层的推荐算法一致。

值得注意的是,在线评估测试是有一定风险的。比如,一个处于在线测试的推荐系统为用户推荐了许多无关的物品,那么很可能用户对推荐系统的信任度大大减少,可能以后在真实系统上线后就不再关心推荐物品了,这种情况在商业应用中是不可接受的。

基于以上原因,在线评估往往放在三类测评实验的最后阶段。通常先采用离线实验评估比较各种推荐算法,得到最合适的几种候选的推荐算法,并调整这些算法的参数以获得最好的推荐性能。然后,在用户调查阶段,通过记录测试人员与推荐系统交互的各种任务,评估测试人员对候选推荐系统的认可程度,从而进一步筛选候选的推荐算法,并完成算法参数的调优。最后,再通过在线评估确定最合适的推荐系统。这种循序渐进的测评流程可以降低在线测评的风险,同时获得满意的推荐效果。

3.4.3 推荐系统的评估

1) 基于机器学习视角——推荐算法的预测准确度度量

预测准确度度量本质上是计算预测的误差,这个指标是各类机器学习算法,如分类或聚类分析中通用的度量指标。该指标应用于推荐系统,则主要用于度量一个推荐系统预测用户行为的能力。预测准确度指标是最重要的推荐系统离线测评指标,尤其在推荐系统研究的论文中普遍都会采用该指标来讨论推荐算法的质量。

在计算该指标时需要有一组离线数据集,该数据集包含用户的评分记录,比如用户对商品或电影的评分。数据集分为训练集与测试集,在训练集上建立用户评分的预测模型,然后在测试集上预测用户评分,训练集与测试集的划分可采用 K 折交叉验证方法。误差即为预测评分与真实评分的偏差。

预测准确度度量指标主要有以下三种,即平均绝对误差(Mean Absolute Error,MAE)、均方误差(Mean Square Error,MSE)或均方根误差(Root Mean Square Error,RMSE),具体计算公式如下:

Mean absolute error(平均绝对误差):

$$MAE = \frac{1}{|Q|} \sum_{(u,\ i) \in Q} |r_{ui} - \hat{r}_{ui}|$$

Mean Square Error(均方误差):

$$MSR = \frac{1}{|Q|} \sum_{(u,\ i) \in Q} (r_{ui} - \hat{r}_{ui})^2$$

Root Mean Square Error(均方根误差):

$$RMSE = \sqrt{\frac{1}{|Q|} \sum_{(u,\ i) \in Q} (r_{ui} - \hat{r}_{ui})^2}$$

其中,Q 是测试集,r_{ui} 代表用户真实的偏好(评分),$\hat{r}_{ui}$ 代表推荐系统预测的评分。平均绝对误差计算最简单,且不考虑误差的方向(正误差或负误差);均方误差对大的误差有较大的惩罚值,而且误差的平方值不具有直观的意义;因此,均方根误差比均方误差在推荐系统中应用更为广泛。

在利用均方根误差预测准确度的实际计算时,可以采用两种方法:第一种方法是对所有用户的评分误差取平均值;第二种方法是先计算每个用户的平均误差,再对所有用户的平均误差再取平均值。当第一种方法计算的预测准确度指标值低于第二种方法计算的指标值时,则这个推荐系统的预测准确度比较高。值得注意的是,利用预测准确度指标来比较推荐系统优劣时,需要对不同的推荐算法采用相同的数据集与数据尺度。

2) 基于信息检索视角——基本的决策支持度量与基于排名的度量

尽管预测准确度是推荐系统评估的重要指标,但是有时用户并不关心具体的数值精度,比如用户并不关心一部影片的预测评分是 4.9 还是 4.8,用户关心的是这部影片好不好看。因此有必要研究决策支持度量(准确率、召回率、F-Measure、平均准确率与 ROC 曲线)与基于排名的度量(平均倒数排名、斯皮尔曼等级相关系数与归一化折损累积增益)等指标。决策支持的目标就是帮助用户选择“好”的物品。而基于排名的度量关心的是为用户推荐他喜欢物品的顺序。推荐系统的推荐结果类似于搜索引擎的搜索结果,因此本节将从信息检索的视角来讨论这些评估指标。

（1）准确率、召回率、F-Measure 一个推荐系统为用户推荐物品时,通常会为用户推荐一个物品列表,一般以水平方式排列或竖直方式排列,而且用户一般只会关心前面若干个物品,而很少有用户会关心后面的物品,比如后面第 20 页列出的物品,这种推荐方式称为 Top-n 推荐。可以采用信息检索领域的准确率（或前 n 的准确率）、召回率与 F-Measure 指标来度量,具体指标计算公式如下:

$$Precision = \frac{N_{rs}}{N_s} \text{ 或 } Precision@n = \frac{N_{rs@}n}{n}$$

$$Recall = \frac{N_{rs}}{N_r}$$

$$F - Measure = \frac{2 \cdot Precision \cdot Recall}{Precision + Recall}$$

其中,N_{rs} 是推荐物品中用户喜欢的个数、N_s 是推荐的物品数,n 代表前 n 个推荐项。N_r 是用户喜欢的物品数。准确率描述的是用户喜欢的物品的比例,召回率描述的是不遗漏用户喜欢物品的比率,F-Measure 是准确率与召回率的一种折中。细心的读者可能会发现,为什么没有定义前 n 的召回率 $Recall@n$,这是因为其定义与结果与 $Precision@n$ 相同。而且,在推荐系统中,应更加关注前 n 的准确率,而不是特别关注召回率。

（2）平均准确率 平均准确率（Mean Average Precision,MAP）,即多个推荐准确率的平均值,推荐的相关物品越靠前,平均准确率越高,其定义为:

$$MAP = \frac{\sum_{q=1}^{Q} Avep(q)}{Q}$$

其中

$$Avep(q) = \frac{\sum_{k=1}^{n} p(k) \cdot rel(k)}{\# relevant\ item}$$

Q 为物品推荐的次数,k 是排名,$rel(k)$ 代表给定排名的相关性函数,$p(k)$ 代表给定排名的精度。

（3）ROC 曲线 如 3.3.4 节所述,ROC 曲线被广泛应用于分类算法的评估。ROC 曲线也适用于推荐系统的评估,可以通过 ROC 曲线来调整推荐系统的参数,比如可以找到推荐系统错误的正例率与正确的正例率之间的折中。此外,通过 AUC 还可以比较不同推荐系统的性能。

（4）平均倒数排名 平均倒数排名（Mean Reciprocal Rank,MRR）的概念来自信息检索系统,希望越相关的检索结果应该排在越前面。平均倒数排名应用于推荐系统时,可以度量推荐系统是否将用户最喜欢的物品排在最前面,其定义如下:

$$MRR = \frac{\sum_{q=1}^{Q} 1/rank_i}{Q}$$

其中, Q 为物品推荐的次数, $rank_i$ 为用户最喜欢的物品的在推荐列表中的排名。显然 MRR 的值越大, 推荐系统的性能越好。

(5) 斯皮尔曼等级相关系数　斯皮尔曼等级相关系数(Spearman Rank Correlation Coefficient, SRCC)用于计算推荐系统推荐物品的排名顺序与真实的(Ground Truth)排名顺序之间的皮尔逊相关系数, 其定义如下:

$$SRCC = \frac{\sum_i (r_1(i) - \mu_1)(r_2(i) - \mu_2)}{\sqrt{\sum_i (r_1(i) - \mu_1)^2} \sqrt{\sum_i (r_2(i) - \mu_2)^2}}$$

其中, $r_1(i)$ 和 $r_2(i)$ 分别为推荐系统中物品的排名与真实的排名, μ 为排名的均值。如果推荐系统中物品的排名与真实的排名相同, 则 $SRCC$ 的值为 1。

(6) 归一化折损累积增益　斯皮尔曼等级相关系数其实并没有考虑排名的位置, 换句话说对所有的错误排名的惩罚是相同的。实际上, 第 1 个位置与第 3 个位置的排名颠倒是不可接受的, 但是第 21 个位置与第 23 个位置的颠倒可能就没那么严重了。因此, 这里再介绍一种称为归一化折损累积增益(Normalized Discounted Cumulative Gain, nDCG)的指标, 其定义如下:

$$nDCG = \frac{DCG(r)}{DCG(r_{\text{perfect}})}$$

其中

$$DCG(r) = \sum disc(r(i))u(i)$$

其中, $disc(r(i))$ 是基于排名位置的折损函数, 使得前面物品的排名更重要; $u(i)$ 是推荐列表中每个位置物品的效用(utility), 比如用户的评分或是否点击、浏览或购买。$DCG(r_{\text{perfect}})$ 代表一个完美排名的折损累积增益。近几年, 归一化折损累积增益在推荐系统的评估中越来越广泛地被采用。

(7) 覆盖率(Coverage)　覆盖率指标包括物品的覆盖率与用户的覆盖率。在推荐系统中, 物品的覆盖率指的是被推荐的各类物品数占总物品的比例。用户的覆盖率指的是被推荐物品的用户占总用户的比例。在一些情况下, 推荐系统并没有向某些用户推荐物品, 比如对于预测精度的置信度比较低的用户。这里主要介绍物品的覆盖率, 其定义如下:

$$Coverage = \frac{U_{u \in U} I(u)}{I}$$

其中, $I(u)$ 代表推荐系统为用户 u 推荐的物品数, I 代表总物品数。从覆盖率的定义可以发现,覆盖率可以说明推荐系统挖掘物品范围的能力,因此是推荐系统重要的评估指标。一个好的推荐系统不仅需要高的预测准确度,还需要较高的覆盖率,因此很多情况下需要对这两个指标进行折中。

利用信息熵计算公式来度量推荐系统的物品覆盖率,具体计算公式如下:

$$H = -\sum_{i=1}^{n} p(i)\log_2 p(i)$$

其中,$p(i)$是物品i的流行度与所有物品流行度的比值,即物品i被推荐的概率;显然,若只有一个物品一直被推荐,则H为0,而n件物品以同等概率被推荐,则H为$\log_2 n$。H值越大,则覆盖率越大。

3) 基于人机交互与用户体验视角——推荐的多样性、信任度、新颖性与惊喜度

(1) 多样性(Diversity)　在推荐系统中,物品多样性的定义与相似性刚好相反。在某些情况下,为用户推荐相似的物品实际上并没有太大的意义。比如某用户已经购买了一款带 GPS 功能的运动手表,这时如果为该用户推荐相似的其他品牌运动手表,该用户一般情况下就不会再感兴趣了。如果推荐系统为该用户推荐其他物品,如与该手表匹配的心率带或运动 CD,可能会起到更好的推荐作用。因此,在设计推荐系统时,不但需要关心预测准确度,还需要考虑到推荐的产品需要一定的多样性,以满足用户的不同需求。

(2) 信任度(Trust)　信任度指的是用户对推荐系统的推荐的信任程度。如果推荐系统为用户推荐了若干物品,用户都有所了解,而且都很喜欢,则用户就认为推荐系统提供了合理的推荐,于是就会信任该推荐系统。反之,若推荐系统为用户推荐的物品,用户完全不感兴趣,则用户会对推荐系统失去信任。推荐系统的信任度一般只能通过用户调查的方式来统计获得,即询问用户是否信任推荐系统的推荐结果。现在推荐系统获得用户信任的主要方法是对推荐的解释,即告诉用户为什么给他推荐这些物品,比如说与他兴趣爱好类似的用户也喜欢这些物品等。合理的解释可以提高用户对推荐系统的信任度。

(3) 新颖性(Novelty)　推荐系统的新颖性是指为用户推荐他们不了解的物品。在需要推荐新颖性的应用中,显而易见且最容易实现的方法是过滤掉用户已经评分或购买过的物品。然而,在许多情况下,用户不会告诉推荐系统他们所有已经使用过的物品,这个简单的方法不能有效过滤掉用户已经知道的所有物品。提高推荐新颖性的另一个方法是利用推荐物品的平均流行度,越流行的物品新颖性越低,而推荐不太热门的物品可能反而让用户感觉新颖。还可以通过用户调查来统计推荐系统的新颖性。商业化的推荐系统需要平衡预测准确率与推荐的新颖性、多样性等指标。

(4) 惊喜度(Serendipity)　在推荐系统中,惊喜度度量的是推荐系统给用户带来惊喜的程度。比如,用户喜欢某一明星主演的电影,推荐系统给用户推荐该明星早期的某电影,用户可能会喜欢,而且感觉有新颖性,但很难有惊喜或意想不到的效果。随机推荐可能会为用户带来惊喜,但如果推荐过多的无关物品,用户可能会降低对推荐系统的信任度。因此,近年来如何平衡准确度与惊喜度的问题越来越受到研究人员的关注。度量惊喜度首先需要定义推荐物品与用户历史偏好物品的相似度;其次,需要统计用户对推荐物品的满意度。第一步可以通过离线实验计算,而第二步则需要通过用户调查来完成。

4) 基于软件工程视角——系统的实时性、鲁棒性、可扩展性

(1) 实时性(Real-time) 在大数据环境下,推荐系统的实时性也越来越受到关注,因为许多物品具有时效性,比如新闻、新品。如果商业网站可以在第一时间为用户推荐他们喜欢的新品,可能就会赚足流量并赢得先机。推荐系统的实时性包含两个方面。第一个方面是实时地将新添加到系统的物品推荐给用户;第二个方面是实时地根据用户的行为(购买或点击)为用户推荐新的物品。可以考虑基于并行计算的框架,如利用 Mahout 来提升推荐系统的实时性。

(2) 鲁棒性(Robustness) 鲁棒性一方面是指推荐系统在面对虚假(作弊)信息时的稳定性,这些虚假信息的目的是为了影响推荐结果。很多推荐系统的算法依赖于用户的行为(如评分或购买等),因此对用户行为的虚假改变,可能就会影响推荐的结果,这种情况也称为对推荐系统的攻击。比如,一个酒店的经营者可能希望提升用户对其酒店的评分,他们可以注册多个虚假的用户来给自己酒店更多更高的评分与正面的评价,而给竞争对手较低的评分与负面评价。因此,推荐系统的鲁棒性指的是其抗作弊的能力,有点类似于搜索引擎的反作弊能力。对于这类攻击,可以考虑构建攻击模型,并利用该模型作异常数据与用户行为的分析与检测,还可以考虑尽量采用代价昂贵的用户行为,如用户的购买行为来进行推荐。

鲁棒性的另一方面指的是在极端条件下系统的稳定性,如某一时间段的大规模用户请求。这一类的鲁棒性与推荐系统基础设施的架构相关,如硬件规模、可靠性、数据库软件等。

(3) 可扩展性(Scalability) 推荐系统刚刚上线时,其数据量(物品数据与用户数据)通常比较小,有些可能是一些模拟数据。设计推荐系统的目的是在真实的数据集中为用户推荐他们满意的物品。但是,随着数据集的不断增长,推荐算法通常会速度变慢或需要额外的计算、存储资源。因此在设计推荐系统时就需要考虑其可扩展性,并在系统运行时监控其资源消耗的变化。例如,一个推荐算法 A 在一个小数据集上预测准确性比另一个推荐算法 B 好,但是当数据集逐渐变大时推荐算法 A 的预测性可能与 B 就比较接近了,而且算法 A 速度明显比算法 B 慢,那就很难说推荐算法 A 优于推荐算法 B。

◇ 参 ◇ 考 ◇ 文 ◇ 献 ◇

[1] Xu R, Wunsch D. Survey of Clustering Algorithms [J]. IEEE Transactions on Neural Network,
2005,16(3):645-678.

［2］ Rajaraman A，Leskovec J，Ullman J D. Mining of Massive Datasets ［M］. Cambridge University Press，2014.

［3］ Owen S，Anil R，Dunning T，et al. Mahout in action ［M］. Manning Publications，2012.

［4］ Murphy C，Kaiser G，Arias M. An Approach to Software Testing of Machine Learning Applications ［TR］. A Technical report of Department of Computer Science，Columbia University，2007.

［5］ 董国伟，徐宝文，陈林等. 蜕变测试技术综述［J］. 计算机科学与探索，2009，3(2)：130－143.

［6］ 张晶，胡学钢，张斌，等. 基于蜕变关系的聚类程序测试方法［J］. 电子测量与仪器学报，2011，25(8)：688－694.

［7］ Jain A K，Dubes R C. Algorithms for Clustering Data ［M］. Prentice-Hall，Inc.，1988.

［8］ Teknomo K. Hierarchical Clustering Tutorial［EB/OL］.
http://people. revoledu. com/kardi/tutorial/Clustering/index. html，［2014－04－06］.

［9］ Bishop C M. Pattern Recognition and Machine Learning ［M］. New York：Springer，2006.

［10］ Hastie T，Tibshirani R，Friedman J. The Elements of Statistical Learning ［M］. New York：Springer，2009.

［11］ WEKA Weka3：Data Mining Software in Java［EB/OL］. http://www. cs. waikato. ac. nz/ml/weka/，［2014－04－10］.

［12］ Xie X Y，Ho J W，Murphy C et al. Testing and Validating Machine Learning Classifiers by Metamorphic Testing ［J］，Journal of Systems and Software，2011，84(4)：544－558.

［13］ Tan P N，Steinbach M，Kumar V. Introduction to Data Mining ［M］. Pearson Education Asia Ltd，2006.

［14］ Gorunescu F. Data Mining：Concepts，Models and Techniques ［M］. New York：Springer，2011.

［15］ 项亮，陈义，王益. 推荐系统实践［M］. 北京：人民邮电出版社，2012.

［16］ Shani G，Gunawardana A. Evaluating Recommendation Systems ［M］//Recommender Systems Handbook，New York：Springer，2011：257－297.

第4章

大数据应用的性能测评技术

性能是衡量一个大数据应用的重要方面。大数据应用存在使用用户的不确定性和开放性的特点,在不同时期用户可能呈几倍、几十倍甚至几百倍数量级增长。若不经过性能测试,应用随时都有可能崩溃,因此对于应用来说,性能测评具有十分重要的意义。另一方面,大数据应用性能与系统数据的数量大小、数据的样本分布特性存在巨大的相关性,在性能测试中,其测试数据模型的分析、选择和制定具有十分重要的作用。本章将主要介绍大数据应用的性能测试方法策略,重点分析大数据应用测试的支撑数据设计方法、性能测试模型等,确保基于大数据的应用稳定运行。

4.1 概述

性能测试是一种测试方法,属于非功能测试的一种,通过模拟多种正常、峰值及异常负载条件来对系统的各项性能指标进行测试,以降低运行、升级或补丁部署的风险,通过性能测试得到系统对用户的响应时间、系统的负载等信息,是保证应用成功运行的重要手段[1, 2]。

大数据处理的数据量规模非常大,因此,进行大数据应用的性能测试非常必要,通过大数据应用性能测试,可以达到下列目标:

(1) 获得大数据应用的实际性能表现,如响应时间、最大在线用户数、容量规模、吞吐量及最大处理能力。

(2) 获得大数据应用的性能极限,发现可能导致性能问题的条件,如测试应用在一定负载下长时间运行后是否会发生问题。

(3) 获得大数据应用的性能现状及其资源状况,为优化大数据应用的性能参数(如硬件配置、参数配置和应用级代码)提出建议。

性能测试的主要内容包括测试系统的时间特性、资源使用、稳定性等。大数据具有大容量、多样、快速等特征,在性能测试中应考虑到这些特征,特别是应用的执行效率、资源使用、稳定性和可靠性等。

性能测试目的不仅包括掌握应用的性能水平,而且希望通过测试来提升性能。在测试之前应充分考虑其测试需求:设计完整的测试场景,使测试方案符合系统运行的实际情况;再通过测试执行和结果分析,定位性能瓶颈。在整个性能测试过程中,需要搜集应用的响应时间和资源使用信息。应用的响应情况和资源使用信息收集得越多,分析得到的性能信息也就越多,也就有利于分析系统性能的瓶颈。

4.2 大数据应用的影响因素与性能测评

大数据给企业带来的变化已日渐显著,任何希望成功从大数据中获取价值的企业,正面临着一次变革。传统的性能测试技术手段已无法满足大数据应用的测试需求,适应"大数据应用"特点的性能测试将有利于系统性能的提升和优化。

4.2.1 影响大数据应用的因素

不仅需要对大数据应用基础架构、数据处理能力、网络传输能力进行深入的测试,而且需要从大数据的基本特征来分析影响大数据应用性能的因素。大数据应用中,数据的实时增长来源于电子交易、移动计算和网络、移动设备的用户的飞速增长,不仅数据类型在不断发生变化,而且数据产生也是非常迅速的。

1) 数据集

大量数据在组织内部或者组织外部通过网络、移动终端等方式来创建。组织中所关注的数据每年都以指数级的速度增长,并且这些从多个应用中获得的数据需要被进一步处理和分析。处理过程中,最大的挑战是验证数据是否正确。采用手工验证所有的数据是一个极其枯燥和重复的活动。因此,需要采用自动化的脚本或工具来进行数据的验证。对于存储在 HDFS 中的数据,可通过编写脚本的对比文件和工具来提取差异。在某些极端情况下,甚至需要花费大量时间来进行 100% 的文件对比。

2) 数据多样性

大数据应用中,数据类型的多样性不仅体现在数据来源越来越多样,如设备、传感器、社交网络、其他应用等,而且数据包括传统的结构化数据、类似图形、图像、声音、文档等非结构数据,以及处于两者之间的半结构化数据。这些数据普遍都是异构的、缺乏整合的,传统测试流程已经无法适应数据多样性的处理需求。性能测试需要关注数据多样性对性能带来的影响。

3) 数据持续更新

数据流入组织的速度越来越快,使得数据的响应速度越来越重要。响应速度更快,就会获得更大的竞争优势。测试过程中,应关注如何实时生成实施测试数据,同时又能满足按照需要快速响应,为组织提供可用信息,甚至将大数据带给管理层所用,以此为组织带来竞争力。

4.2.2 大数据应用的性能测评类型

任何大数据应用都将处理大量的结构化和非结构化数据,且数据处理将涉及多个节点并在较短的时间内完成。由于较差的体系和质量较低的设计代码,应用的性能会随着数据量的增长而下降,甚至在数据量达到一定规模时,应用崩溃而无法提供任务服务。如果应用的性能不能满足服务等级协议(Service-Level Agreement,SLA),也就失去了大数据系统建设目标。因此,由于大数据应用中的数据容量规模和体系复杂性,性能测试在大数据应用中都扮演了很重要的角色。

(1) 性能测试一般可分为并发测试、负载测试、压力测试、容量测试等[3, 4]。

① 并发测试:测试多个用户同时访问同一个应用的同一个模块时,是否存在性能问题。

② 负载测试:测试应用在某一负载级别时的性能,确定在该负载级别时应用的性能表现,以保证应用在需求范围内能正常工作。通过逐渐增加负载时,观察应用的各个性能指标变化,检查应用是否稳定。负载测试关注的是用户请求的满足程度。

③ 压力测试:考察应用在极端条件下的表现,极端条件可以是超负荷的交易量和并发用户数。这个极端条件并不一定是用户的性能需求,甚至要远远高于用户的性能需求。与负载测试不同,压力测试关注的是应用本身所能承受的峰值能力,考察极限负载时应用的运行情况,并发现应用的弱点。

④ 容量测试:确定应用可支持的最大资源或并发用户。确保应用在其极限状态下没有出现任何软件故障时,反映应用特征的某项指标的极限值(如同时处理的请求数、最大并发用户数、数据库记录数等)。

(2) 基于大数据的应用中,不合理的架构或者数据操作分布将会导致性能失衡。例如在 MapReduce 应用中,对于输入切分、冗余移动、排序的操作,应考虑操作是否处于合适的步骤中,如 Map 过程中进行的聚合操作应移动到 Reduce 步骤中[5]。通过良好的系统架构设计和性能测试来识别性能瓶颈,从而消除这些性能问题。因此,在大数据应用的性能测评中,应该重点考虑大数据应用本身的数据特点和处理特征,从用户角度进行性能评价:

① 考虑数据规模的增加时,大数据应用的响应时间增长是线性的还是指数的。如果响应时间随数据量变化呈指数方式增长,则表明数据集达到一定规模时,应用会快速到达性能瓶颈而无法正常进行工作。

② 考虑数据规模增加时,通过性能测试来分析应用的资源占用曲线变化的增长模型是线性还是指数。

③ 考察数据规模增加时,基于大数据的应用在长时间内是否能稳定运行。

④ 应用本身的复杂程度对性能的影响。若不同应用对相同规模或接近规模的数据进行分析处理时,应对数据处理的复杂程度(如精细度、准确度)来观察性能的变化。

4.2.3　大数据应用的性能测评指标

大数据应用性能测试,应给出其应用性能指标和监控指标,这些不同指标供应用的不同角色来关注性能,通过这些指标可以深入分析系统性能,进一步改善或优化性能。

1) 应用性能指标

性能分前端性能与后端性能。一般的性能测试更关心后端,但前端性能对用户体验也有着非常重要的影响,不管什么样的产品最终是用户通过前端执行操作。网络作为应用运行不可缺少的基础架构,对系统性能也会产生影响。因此,在测试应用性能的同时需关注网络状态,特别是网络对数据传输的效率影响。一般而言,性能测试需要关注三个方面的时间:

① 呈现时间:客户端接收到数据,解析数据的时间。

② 数据传输时间:发送与接收的数据在网络中传输的时间。

③ 系统处理时间:系统对请求的处理并返回的时间。

这里,呈现时间属于前端性能,而数据传输时间属于网络部分的性能,而系统处理时间属于后端性能。性能脚本录制如图 4-1 所示。

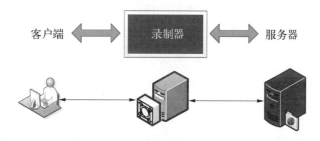

图 4-1　性能脚本录制

大数据应用的性能测试需要建立大数据规模和生产规模接近的环境。使用类似 Hadoop 的性能监控工具可用于捕获性能度量数据来识别性能问题,性能度量数据包括如响应时间(Response Time)、用户数(Users)、吞吐量(Throughput)等[6, 7]。

(1) 响应时间　响应时间是对请求作出响应所需要的时间,包括服务器处理时间、网络传输时间和客户端展示时间。对于用户或客户来说,当点击一个按钮、链接、发出一条指令或提交一个表单开始,到应用把结果以用户所需的形式展现出来为止,这个过程所消耗的时间是用户对这个应用性能的表征,这个过程中所需要的时间也就是所说的响应时间。

对于基于浏览器(Browser)的应用,其响应时间就是浏览器向 Web 服务器提交一个请求到收到响应之间的间隔时间。浏览器下载所有元素(包括内嵌对象、JavaScript 文件、层叠样式表 CSS、图片等)下载到终端用户所花费的时间和初始化页面上元素的时间之和。响应时间计算公式为:

$$RT = T_s + T_n + T_c$$

其中,T_n 为网络传输时间,T_s 为服务处理时间,T_c 为客户端处理时间。T_s 包括应用服务器、中间件服务器、数据库服务器等的处理时间:

$$T_s = T_{sa} + T_{sm} + T_{sd}$$

其中，T_{sa} 为应用服务器处理时间，T_{sm} 为中间件服务器处理时间，T_{sd} 为数据库服务器处理时间。

（2）用户数　用户数包括最大用户数、在线用户数、并发用户数等。

最大用户数：指该应用所支持的最大额定用户数量。对于一个需要用户登录的应用来说，最大用户数一般是可登录应用的用户规模，如应用的用户规模为 100 个，那么这个应用的最大用户数为 100。对于无用户登录的应用来说，应分析允许访问该应用的最大用户规模，必要时，应根据应用运行期间收集的数据进行访问。

在线用户数：在一定的时间范围内，同时在线的最大用户规模。在线用户数是一个间接负载目标值，可理解为所有正在操作应用的被测用户规模。

并发用户数：典型场景中集中操作（不是绝对并发）交易的用户数量。并发用户数包括平均的并发用户数和峰值的并发用户数。

平均的并发用户数 C_{avg} 通过收集的数据进行计算：

$$C_{avg} = \frac{nL}{T}$$

其中，C_{avg} 是平均的并发用户数，n 是平均每天访问用户总规模（可以计算 Session 数量），L 是一天内用户从登录到退出的平均持续时间（Session 的平均时间），T 是考察时间周期（可以取 24 h，也可以取采集 Session 的时间段）。

峰值的并发用户数 C_{peak} 通过平均的并发用户数 C_{avg} 进行计算：

$$C_{peak} \cong C_{avg} + \sqrt[3]{C_{avg}}$$

（3）吞吐量　吞吐量指单位时间内系统处理用户的请求数。对于交互式应用来说，吞吐量指标反映的是服务器承受的压力，反应系统的负载能力。如 Web 应用：吞吐量是指单位时间内应用服务器成功处理的 HTTP 页面或 HTTP 请求数量。

吞吐量在不同应用和不同角度来看，其衡量单位不完全相同，主要包括：请求数/秒、交易数/秒、页面数/秒、人数/天、处理业务数/小时。对于基于 Web 的应用来说，其应用在网络上进行传输，吞吐量可以用每秒收到的字节数计算，即字节/秒。

以不同方式表达的吞吐量可以说明不同层次的问题。以字节数/秒表示的吞吐率可以反映网络基础设施、服务器架构、应用服务器的服务能力；以请求数/秒表示的吞吐率可以反映应用服务器和应用代码的服务能力。

当没有遇到性能瓶颈的时候，吞吐量与虚拟用户数之间存在一定的联系，可以采用以下公式计算：

$$F = VU \cdot R/T$$

其中，F 为吞吐量，VU 表示虚拟用户个数，R 表示每个虚拟用户在 T 时间内发出的请求数,T 表示性能测试所用的时间。

2) 监控指标

监控指标,也称性能计数器,是指在性能测试过程,对系统各种资源的使用情况,用来衡量资源利用率的情况。其主要作用包括:

① 在性能测试中发挥着"监控和分析"的作用。

② 分析应用可扩展性、进一步优化应用性能。

③ 进行性能瓶颈定位。查找瓶颈的难易程度应该由易到难:服务器硬件瓶颈→网络瓶颈→应用瓶颈→服务器操作系统瓶颈(参数配置)→中间件瓶颈(参数配置,数据库,Web服务器等)[8]。

监控指标包括比例指标和数值指标两类指标。

(1) 比例指标　资源利用率,也称占用率,其定义为资源实际使用/总的资源可用量,比例指标采用百分比方式。如 CPU 利用率为 68%,内存占用率为 55%。关注的指标包括被测系统 CPU、内存、存储(磁盘等)。对于这些指标,一般关注利用率的需求通常不超过75%~80%为宜。

(2) 数值指标　描述服务器或操作系统性能的数据指标,这些指标常采用数值表示,如使用内存数、进程时间等。

监控指标主要包括:用户监控(峰值并发操作用户、系统支持用户、同时在线用户);在某时间段内在线人数监控(自定义时间段);页面访问次数,以及在某段时间内的访问次数;服务器参数、数据库参数变化,以及 JVM 参数变化。

4.3　大数据应用测试的支撑数据设计

大数据应用性能测试需要充分分析应用特点和相应的测试资源,并进行有针对的测试支撑数据的设计。数据创建的速度也与性能问题密切相关,因此,性能测试需要关注数据创建速率。执行数据创建速率方面的测试,在识别性能瓶颈、分析系统是否能处理高速率的数据流中起着重要作用。

4.3.1　大数据的数据结构特点

大数据应用的数据主要以结构化、非结构化、半结构化三种形式存在。

1) 结构化数据

结构化数据是有定义格式的数据,主要保存在关系数据库管理系统(RDBMS)或结构化文件中,其数据的含义和格式都是预先定义,一般用二维表结构来表达数据的逻辑关系。

这些数据能在文件和数据表中进行处理,并验证操作的目的。

2) 非结构化数据

相对于结构化数据而言,非结构化数据是不易用数据库二维逻辑表来表现的数据,包括所有格式的办公文档、文本、图片、XML、HTML、各类报表、图像和音频/视频信息等。非结构化数据一般无特别的数据定义,任何格式的数据都可认为是非结构化数据。

测试非结构化数据是非常复杂且耗费时间的。可以通过自动化方式来将非结构化数据转化为结构化方式,例如 PIG 脚本。但是使用自动化进行这类转化操作还是非常少的,主要原因有:数据处理中出现不期望的行为,每次新的测试执行过程中输入数据会发生改变。因此,对于非结构化数据需要业务场景验证策略,在这个策略中需要建立不同的场景,这些场景被用来分析非结构化数据,并建立基于测试场景的测试数据执行。

非结构化数据库是指其字段长度可变,并且每个字段的记录又可以由可重复或不可重复的子字段构成的数据库,它不仅可以处理结构化数据(如数字、符号等信息),而且更适合处理非结构化数据。

3) 半结构化数据

半结构化数据指介于结构化数据和非结构数据之间的数据。半结构化一般是自描述的,数据的结构和内容混在一起,没有明显的区分。例如 HTML 文档属于半结构化数据。半结构化数据与结构化数据不同,前者是先采集数据再定义结构,后者是先定义结构再采集数据。

半结构化数据并不包含任何格式,但是其数据结构能够从基于数据的多种模式来得到。例如,从各种不同的 Web 站点通过爬虫得到的网页数据,这些数据的验证需要通过客户定制的脚本将非结构化数据转化为具有结构的格式。如对于 HTML 返回的数据需要进行处理,就会涉及半结构化数据,需要对数据进行解析以获得的信息。这些信息主要用于:

(1) 为进一步持续测试所需的测试数据。

(2) 对数据进行验证,判断测试结果是否符合预期,数据模式需要来识别,拷贝源信息并准备处理该信息的模式,然后拷贝需要用脚本进行处理的源信息,通过脚本将这些源信息转化为结构化数据,再通过相关方法对数据进行验证。

4.3.2 大数据的数据设计依据

大数据特性对应用的性能有很大的影响,在测试前必须对应用所承载的数据的特点进行分析。在数据设计中,不能主观地认为全部随机生成就可以模拟所有的真实数据环境,全部随机的数据设计方式不仅会导致数据均匀分布,而且在某些场景下全部随机是不现实的。

在实施大数据应用的性能测试之前,考虑到测试资源和测试周期的压力,已有的测试案例将大部分的注意力集中在一些正常测试数据上。在大数据应用的数据设计中,应用现实中广泛使用的"80/20"分布(即 Pareto 法则)后,美国著名的软件工程专家 Boehm 给出了软件度量中遵守 80/20 分布的软件现象:20％的模块消耗 80％的资源,20％的模块占用了 80％的执行时间。因此,需要关注大数据设计的代表性、广泛性和数据分布密集程度。

1) 代表性

测试数据应具有代表性,不仅包括合理的、处于取值区间的测试数据,而且应包括不合理、非法的、处于取值区间边界的和越界的测试数据,甚至是极限的数据。在测试数据设计中应考虑偏离数据,如空缺值类型的数据、噪声数据、不一致的数据、重复的数据四大类:

(1) 空缺值数据:这类数据缺失针对的是必须有信息的字段,如学生的生源地信息、学生的个别成绩值。

(2) 噪声数据:是在原始数据上偏离产生的数据值,跟原始数据具有相关性。由于噪声偏离的不确定性,导致噪声数据偏离实际数据的不确定性。

(3) 不一致数据:此类数据产生的主要原因是业务系统不健全、没有数据约束条件或者约束条件过于简单,在输入后没有进行逻辑判断而直接写入造成的,如成绩输入时输入850(期望数值 85.0),日期格式不正确,日期越界等。

(4) 重复数据:是在数据表链接过程中,数据的合并过程中产生。

以上偏离的数据不仅无法得到正确的结果,而且在某种程度上会影响大数据应用的性能。

2) 广泛性

广泛性要求测试数据应尽可能多地包含可取的数值。广泛性指测试数据应能普遍地发现错误,而不是针对某一个错误反复测试。

广泛性要求尽可能多设计一些测试数据,通过变换其一部分内容从而可以针对不同内容进行测试。测试数据应关注测试用例中提及的每一个细节和每一种可能的情况,必须对这些情况进行组合。

在大数据应用中,测试数据应针对应用特点,覆盖所有可能的组合。但是,这并不代表数据的无穷组合,测试数据的组合会导致测试数据的无限膨胀。

3) 数据的分布密集程度

数据的分布密集程度可以理解成数据倾斜,在数据库中的某个表中,数据量很大,某个字段的值是否取值均匀可以决定建立在这个字段上的索引的集群分子,如果集群数很大,在 SQL 中就可能不执行建立在这个字段上的索引。

数据库提供的索引有多种类型,在生成数据的同时也可以校验建立的索引类型是否高效。

在后台运行的程序对这个字段进行分派出去运算的时候,会根据这个值通过某个公式算出某个值出来,然后再分派到后台的某个计算服务器进行运算,如果某个阶段的值过于集中,就会导致分派到某个计算服务器的压力过大,从而会导致异常出现。对于这种场景可以看出测试数据也可以影响到应用性能。

4.3.3 大数据的数据生成方法

自动化测试中每次测试执行的成本相对较低，因此，可以以一个测试为基础，通过添加不同测试数据形成新的测试，使得以较低的成本来为现有的测试案例扩展测试数据。

大数据应用中，由于数据规模比较大，测试数据的设计需要与具体的数据生成方法相互结合。针对大数据应用的特点，使用多种方法进行测试数据设计。每种数据生成设计的方法有各自的特点，需要综合使用各种方法才能有效确保设计数据的代表性、典型性和分布密度，更好地提高性能测试的准确度。

测试设计和测试开发中会涉及两个方面的测试数据设计，一方面是大数据应用中的基础数据规模，没有一定规模的基础数据支持，将无法获得真实的性能指标；另一方面是测试过程中测试输入所需要的数据。

测试数据的设计包括手动设计、规则设计、场景设计和动态生成[9, 10]。

1) 手动设计

手动设计一般是按照需求说明进行等价类、边界值等方法。

由于穷举测试需要的数据规模巨大，因此需要从大量的可能数据集中选取其中的一部分作为测试用例，其基本假设是每一个部分的数据发现错误的能力是相同的。等价类划分依据应用的需求规格说明来设计测试数据。等价类包括有效等价类和无效等价类。有效等价类是合理的、有意义的测试数据集合，用来验证规格说明中所规定的功能和性能。无效等价类是无效的输入，验证应用对无效输入的过滤和处理能力。等价类划分可以分层依次进行，在确知已划分的等价类中各元素在程序处理中的方式不同的情况下，可将等价类进一步地划分为更小的等价类。

针对各种边界情况设计测试用数据是边界值分析方法。由于大量的错误是发生在输入或输出范围的边界上，而不是在输入范围的内部。边界值分系可作为等价类划分的补充测试数据设计技术，选择等价类边界的测试数据。实践证明，边界附近的设计测试数据能取得良好的测试效果。

2) 规则设计

大数据应用中，其数据在某种程度上都具有一定的规则，但是现有的数据（字典）生成方法所用规则太过简单，结果并不理想。

正则表达式是正则语法的一种描述方式，广泛应用于模式匹配中。如果能将正则表达式应用于数据生成中，必定会提高测试的成功率。正则表达式可以使用工具（例如Microsoft Visual Studio Team Edition for Database Professionals）生成有意义的测试数据[11]。

3) 场景设计

现在的软件几乎都是用事件触发来控制流程的，事件触发时的情景便形成了场景，而事件不同的触发顺序和处理结果就形成事件流。这种在软件设计方面的思想也可引入到软件测试中,可以比较生动地描绘出事件触发时的情景,有利于测试设计者设计测试用例,同时使测试用例更容易理解和执行。

4) 动态生成

动态生成是根据测试过程中起一个步骤操作返回的测试结果来生成测试数据。在性能测试中,服务器返回给客户端的数据有些是动态改变的,下一个执行步骤中需要使用该动态数据。这时就需要使用关联获得该动态数据。

4.4 大数据应用性能测评模型

负载策略是指在测试过程中采取何种负载模式向被测系统增加压力的过程。大数据应用中,主要包括应用负载模型、数据样本模型。

测试策略是性能测试执行时所采取的执行要求的集合,其需将测试需求、数据需求转换成可量化、可衡量、可实现的负载目标才能进行性能测试,而负载目标要根据不同场景分别选择。根据负载策略,在测试执行过程应计算或指定出各种间接和直接的目标值,一般负载多从服务器与集群、网络、客户端三个方面进行考虑。

采用自动化测试是性能测试的基本方法。在性能测试中,采用自动化方式将更加有效,通过自动化测试工具模拟大并发、特定场景下的性能测试,能够得到真实的测试结果。

4.4.1 应用负载模型

需求分析是对测试需求进行精化的过程。可以根据前期的需求分析与定位,来分析确定系统性能指标,选择应用负载模型,并选取性能指标,确定需要监控的资源。

Robert B Miller 在 1968 年的《Resopnse Time in Man-Computer Conversational Transactions》[12] 报告中描述了三个层次的响应时间:

① $0.1 \sim 0.2$ s:用户认为得到的是即时响应。

② $1 \sim 5$ s:用户感觉到基本信息的交互是基本流畅的。用户明显注意到了延迟,感受到计算机的"工作"过程。

③ 8 s 以上:用户会关注对话框。需要提示信息或进度条来确认系统仍然是处于处理过程的。

一般来说,操作的响应时间为 2 s、5 s、8 s,2 s 内优秀,5 s 内良好,8 s 内可接受,其他一些特殊的操作,如上传、下载可以依据用户体验的情况,延长响应时间。Peter Bickford 在调查用户反应时发现:在连续 27 次及时反馈之后,第 28 次操作时,计算机让用户等待

2 min，结果半数人在第 8.5 s 左右就走开或者开始重新加载。使用了鼠标指针变成漏斗提示的界面会把用户的等待时间延长到 20 s 左右，使用动画的鼠标指针漏斗提示界面则会让用户的等待时间超过 1 min，而进度条则可以让用户等待到最后。Peter Bickford 的调查结果被广泛用到 Web 软件系统的性能需求的响应时间定义中。第三方研究表明，如果网页是逐步加载的，先出现横幅，再出现文字，最后出现图像。在这样的条件下，用户会忍受更长的等待时间，用户会把延迟在 39 s 内的也标识为"good"，超过 56 s 的才认为是"poor"的[13]。

1) 负载模型

负载模型可从数据量、功能点、业务现状、预测分析等方法进行。

（1）数据量分析　对于已经运行一段时间的应用，可以参考数据库中的历史数据规模。同时分析系统使用的年数，每年都有多少条数据。诸如第一年 50 000 条数据，每年依次递升 10%，共计 500 000 条数据等。那往后再推 3 年、5 年，则可以计算出需要的数据规模。

对于尚未运行的项目，因为没有可以直接参考的数据增长模型，可以依据业务的需求分析，通过业务的增长模型对数据的增长进行估算。

（2）功能点选择　功能点选择是建立在良好的监控条件下的，在保证整体框架设计良好、数据库设计完善的前提下，通过监控获取用户的使用情况、在线情况以及页面访问数量，分析用户规模。如果获取到用户常用的功能点，并应用于测试场景，才是有效的测试。

功能点选择中，可以选取的功能有：

① 发生频率非常高的（例如，某邮箱核心业务系统中的登录、收发邮件等业务，它们在每天的业务总量中占到 90% 以上）。

② 关键程度非常高的（产品经理认为绝对不能出现问题的，如登录等）。

③ 资源占用非常严重的（导致磁盘 I/O 非常大的，例如某个业务进行结果提交时需要向数十个表存取数据，或者一个查询提交请求时会检索出大量的数据记录）。

（3）业务现状分析　所有的性能测试都是以复现实际业务场景为目标，因此业务场景分析和选取应根据需求充分分析。业务场景可以从时间和空间两个角度考虑：

① 时间角度：分别以一年、一月、一天的角度观察被测系统的变化规律，是否存在业务高峰时段。各时段的重点业务是什么，交易量及其比例分配。

② 空间角度：根据应用领域特点，观察被测系统是否存在不同的高峰场景和交易，同时进行并发数量及一般操作时间是多少。

（4）预测分析　负载策略需要根据业务现状分析得到，负载目标需要通过大量、广泛的业务和日志统计才能得出，因此在系统上线前，也可以通过预测分析来获得所需的负载策略。负载策略可以从使用者、服务端两方面来考虑[14]。

① 使用者：记录下高峰时段操作交易的用户数量、估算用户状态比例、统计操作习惯

等。由于存在到人的因素,因此前端负载很难计算精确。前端负载目标适合交易关联不大、操作用户分散、无具体业务量要求的系统。

② 服务端:负载目标根据业务模型的期望进行计算。如果应用的每天数据查询量设计为 1 万次,按每天 12 h 计算,则 TPS=10 000/(12×60×60)=0.23 笔/s,即 4.3 s/笔,那么平均响应时间在 5 s 以下。服务器端负载目标适合交易关联度大、操作用户相对集中、有具体业务量要求的系统。

预测分析主要考虑:

① 要针对不同类型的被测系统计算合理的目标值,考虑未来业务量、用户量扩展等因素。大数据应用的测试需求中应用选择也应考虑 80/20 原则(也称帕累托效应),该原则可以应用于测试范围的选择。比如,某一些系统一天中 80% 的访问量集中在 20% 的时间内。

② 设置测试场景中并发用户为每隔一段时间增加若干个虚拟用户,在性能测试中,一般在预热(Ramp Up)阶段中设置,与同时加载所有的并发用户的测试结果不同,实际的测试中要根据具体业务情况设计。另外,实际的数据库记录数和网络环境等都会影响到测试结果。

2) 负载策略

负载策略包括固定负载、增量式负载、动态负载、队列负载和面向目标的负载设置策略。具体负载选择[15]包括:

(1) 有明确交易量的应用　通过上面对各种典型负载指标的分析可以看出,以每秒交易数量(Transaction Per Second,TPS)衡量的事务处理能力是最准确的负载目标。通过生产日志或相似系统的交易量可以算出 TPS 均值、峰值。根据 80/20 原则和业务扩展可估算更高的峰值。如在 LoadRunner[16, 17]中,可以通过设置 Run-Time Settings 的 Pacing 为 At fixed intervals,设为 every 1 sec 来控制每次迭代执行时间为 1 s。如果脚本里只定义一个 Transaction,且交易响应时间(Transaction Response Time,TRT)小于 1 s,则虚拟用户(Vuser)数量=并发用户数量=TPS,可以通过调节虚拟用户(Vuser)数量来控制负载目标。注意,如果迭代中包含多个 Transaction,或 TRT 随着 TPS 目标的增加而变大,则需以 TPS 目标为基础,实时调整虚拟用户(Vuser)数量和“every N sec”里的间隔时间。

(2) 无明确交易量的应用　无明确交易量的被测应用建议以确定最大事务处理能力为目标。设置 Pacing 为 As soon as the previous iteration ends,删除 thinktime,部署并发工具和被测应用在同一网段,无网络瓶颈,让 Vuser 能对被测应用产生最大负载。

(3) 虚拟用户　在确定负载目标时,弱化虚拟用户(Vuser)的意义,但在性能测试中需要注意的是,如果被测应用有具体的操作用户数量,如登录的用户才能提交交易,则虚拟用户(Vuser)的数量不能高于实际注册用户数量。就按照最大用户数量加压,以需求要求的 TRT 为目标调优被测应用,尽量提高 TPS。

在测试工具中进行业务模型的选择如图 4-2 所示。

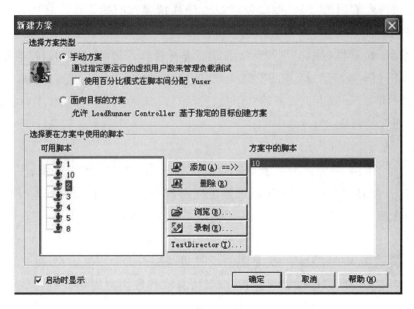

图 4-2　应用负载方案

选择已经完成的脚本,将其添加到方案中,点击"确定"出现如图 4-3 所示界面。

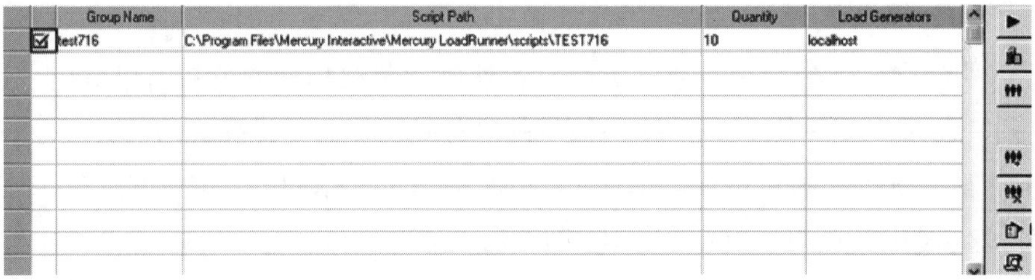

	Group Name	Script Path	Quantity	Load Generators
☑	test716	C:\Program Files\Mercury Interactive\Mercury LoadRunner\scripts\TEST716	10	localhost

图 4-3　应用负载选择脚本

根据应用负载模型调整不同脚本中所需要修改虚拟用户数量,图 4-4 中该脚本设置虚拟用户(Vuser)数量为"10",根据实现场景设计,取不同数字。

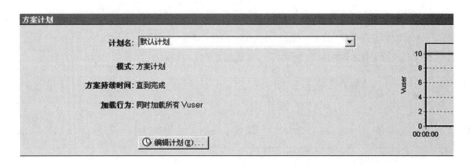

图 4-4　应用负载计划

点击"编辑计划"细化方案,计划名里选择计划种类:加压,缓慢加压、默认计划或新建立计划。

① 默认计划:同时加载所有 Vuser,直到完成。

② 加压:每 15 s 启动 2 个 Vuser,持续时间 5 min。

③ 缓慢加压:每 2 min 启动 2 个 Vuser,持续时间 10 min。

这里选择"加压"则界面如图 4-5 所示。

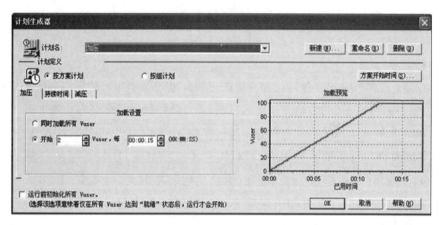

图 4-5　应用负载实际计划

点击"加压"标签设置加压方法,点"持续时间"标签选择完成时间,点"加压"标签选择退出方法,点"方案开始时间"可以定义时间后自动到点执行,并在一个限定的时间范围内结束,所有设置完毕后,点击"OK"返回上一级窗口,点击"开始方案"启动运行,则界面如图 4-6 所示。

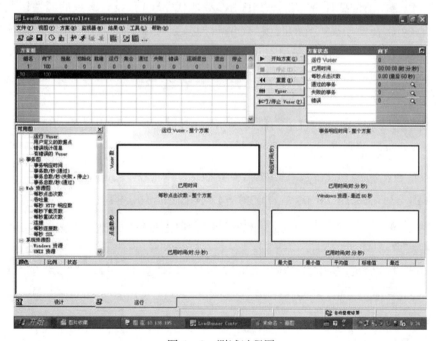

图 4-6　测试过程图

4.4.2 数据负载模型

数据负载包括数据生成和加载模型。

一般在大型业务并发压力测试时,数据量肯定也都是非常大的,所以手动去编辑就不切实际了。测试工具一般都提供连接数据库的功能,不过提供连接数据库的功能并不是为了方便取数据,而更重要的应该是通过数据库的生成数据功能,通过简单的 SQL 语句,便可以完成大量可复用的数据生成[18~21]。

1) 参数化

参数化就是将脚本中的常量转化为变量的过程。通过录制生成的脚本的所有数据都是常量,为了达到向服务器发送的数据多样化的目的,需要将一些数据常量转化为变量。在大数据的应用中,脚本参数化工作是非常重要的。通过参数化,可以完成定制的数据负载模型。

如果测试人员在录制脚本过程中,填写提交了一些数据,比如要增加数据库记录。这些操作都被记录到了脚本中。当多个虚拟用户运行脚本时,都会提交相同的记录,这样不符合实际的运行情况,而且有可能引起冲突。为了更加真实地模拟实际环境,需要各种各样的输入。参数化可以模拟多种数据。

用参数表示用户的脚本有两个优点:一是可以使脚本的长度变短;二是可以使用不同的数值来测试脚本。例如,如果企图搜索不同名称的图书,仅仅需要写提交函数一次。在回放的过程中,可以使用不同的参数值,而不只搜索一个特定名称的值。

参数化包含以下两项任务:在脚本中用参数取代常量值;设置参数的属性以及数据源。

LoadRunner 在使用参数化的时候,提供两种参数化取值方式,一种是手动编辑,另一种就是通过连接数据库取值。LoadRunner 允许多种类型的数据源,如 DAT 的文本文件、电子表格、来自 ODBC 的数据库数据和其他系统提供的数据源等,每种类型的数据源有不同的格式要求[22]。

(1) 参数化基本方法　通过录制获得脚本后,可以使用工具提供的功能直接进行参数选择和替换,如录制的脚本为:

```
web_add_cookie("H_PS_TIPFLAG = 0; DOMAIN = www.baidu.com");
web_add_cookie("H_PS_TIPCOUNT = 1; DOMAIN = www.baidu.com");
web_add_cookie("WWW_ST = 1397405393048; DOMAIN = www.baidu.com");
web_url("s",
"URL = http://www.baidu.com/s? wd = big + data&rsv_bp = 0&ch = &tn =
baidu&bar = &rsv_spt = 3&ie = utf − 8&rsv_sug3 = 7&rsv_sug4 = 560&rsv_sug1 =
7&inputT = 3515",
"Resource = 0",
```

```
    "RecContentType = text/html",
    "Referer = http://www.baidu.com/",
    "Snapshot = t2.inf",
    "Mode = HTML",
    LAST);
```

点鼠标右键,弹出对话框,选择"替换为新参数"弹出对话框,将查询条件中的"? wd"后的内容进行替换,如在本例中参数化查询条件替换为:

```
web_url("s",
    "URL = http://www.baidu.com/s? wd = {p_query_condition}&rsv_bp = 0&ch =
&tn = baidu&bar = &rsv_spt = 3&ie = utf - 8&rsv_sug3 = 7&rsv_sug4 = 560&rsv_sug1
 = 7&inputT = 3515",
        "Resource = 0",
        "RecContentType = text/html",
        "Referer = http://www.baidu.com/",
        "Snapshot = t2.inf",
        "Mode = HTML",
        LAST);
```

在替换过程中,可以替换的参数应取通俗易懂的名字,具体的参数类型见表 4 - 1。

表 4 - 1 参 数 类 型

参 数 类 型	描 述
DateTime	对于需要输入日期/时间的字段,可以用 DateTime 类型来替代。DateTime 属性设置中可以选择一种特定的 DateTime 格式即可,也可以由测试人员自定义格式
Group Name	使用该虚拟用户所在的 Vuser Group。在 LoadRunner 中脚本编辑时运行 VuGen,Group Name 将会是 None
Load Generator Name	使用该虚拟用户所在 Load Generator 的机器名
Iteration Number	使用该测试脚本当前循环的次数
Random Number	随机数。在属性设置中可以设置产生随机数的范围
Unique Number	唯一数。在属性设置中可以设置第一个数以及递增的数的大小
Vuser ID	该虚拟用户的 ID。该 ID 是由 Controller 来控制的。在 LoadRunner 中脚本编辑时运行 VuGen,Vuser ID 将会是-1
File	从文件中得到数据,需要在属性设置中编辑文件,该文件也可以从现成的数据库中得到数据
User Defined Function	由用户开发的 DLL 文件中得到返回值

在 LoadRunner 中,对于 Unique Number 使用该参数类型必须注意可以接受的最大数。例如:某个文本框能接受的最大数为 99。当使用该参数类型时,设置第一个数为 1,递增的数为 1,但 100 个虚拟用户同时运行时,第 100 个虚拟用户输入的将是 100,这样脚本运行将会出错。这里递增意思是各个用户取第一个值的递增数,每个用户相邻的两次循环之间的差值为 1。举例说明:假如起始数为 1,递增为 5,那么第一个用户第一次循环取值 1,第二次循环取值 2;第二个用户第一次循环取值 6,第二次为 7;依此类推。

(2) 采用函数进行参数化　对于某些情况,所获得的返回数据需要进行深入解析以获取数据的情况下,需要采用测试工具提供的函数,这里以 LoadRunner 为例,给出 LoadRunner 所采用的函数,具体见表 4-2,相关的数据参数化函数可参考 LoadRunner 的相关帮助文档。

表 4-2　LoadRunner 参数化相关函数

函　数　名	函　数　功　能
lr_save_string	将某一字符串保存为参数
lr_save_int	将某一整型保存为参数
web_reg_save_param	服务器返回的文本中查找一个或者多个字符串,并将搜索到的字符串值保存在参数中
lr_save_searched_string	在某一个字符缓冲区中搜索指定的字符串,并将搜到的字符串保存在参数中
lr_save_datetime	将时间保存为参数
web_save_timestamp_param	将当前时间戳保存为参数。与 lr_save_datetime 不同的是,本函数保存的是时间戳,而 lr_save_datetime 保存的是日期和时间
lr_eval_string	将某一字符串中包含的所有参数替换为真实值,并返回替换后的字符串

若对业务流程办理每次都从待办区中打开第一条业务,需要获取第一条工单的完整 URL(包括 URL 中的 parameter 及其值),而每一次进入待办区,第一条业务的相关业务有可能是不一样的。为获取第一条业务记录的 URL,将打开工单的 URL 做关联。对于操作后,获得的 HTML 片断如下:

```
<a        href = "#"        onclick = "javascript:openseviceforprocess
('/bm/Find. aspx?  serialNo = 2008092200000033&serviceID = 0099&nodeID =
140004&dealID = 2008092200000056&hisFlag = 0&skillID = 020401&dealSkillID =
020101&dealStaff = 1200',' false');">
```

可在打开待办区的操作前插入如下语句:

```
web_reg_save_param("url",                    "LB = javascript：opensevice forprocess
('","RB = ',' false ')", "Ord = 1","IgnoreRedirections = Yes", "Search = Body","
RelFrameId = 1", LAST );
```

运行脚本后,获得这个 URL 就是打开第一条业务的 URL:

/bm/Find. aspx? serialNo = 2008092200000033&serviceID = 0099&nodeID = 140004&dealID = 2008092200000056&hisFlag = 0&skillID = 020401&dealSkillID = 020101&dealStaff = 1200

通过 URL,便可进行后续操作。在此分析中,需要注意的是:

① 工具只能识别文本,在 HTTP 协议中只能识别 HTML 文档,因此关联的依据是 HTML 源码,而不是经过浏览器解析后的可视化文本。

② 关联还能将多个匹配的参数保存在数组中,方法是指定 ORD 的属性值为 ALL,之后通过"{参数名_1}","{参数名_2}","{参数名_3}"格式可获得数组元素的值。

③ 该函数有一个属性 NOTFOUND,默认值为 ERROR,也就是说,如果找不到要查找的数据,将报错,在必要的时候,例如脚本逻辑控制需要,可以将 NOTFOUND 的属性值设为 WARNING,这样测试工具将不产生错误。

进一步使用以下函数对 URL 进行分析,来保存 serviceNo, serviceID, nodeID, dealID 的值。

```
int getTTData()
{
int i = 0;
int j = 0;
char * tt_url = lr_eval_string("{tt_url}");
int len = strlen(tt_url);
while(tt_url[i]! ='='){i + + ;}
while(tt_url [J]! ='&'){j + + ;}
lr_save_searched_string(tt_url,len,0,"serialNo",1,j - i - 1,"serialNo");
i + + ;
j + + ;
while(tt_url[i]! ='='){i + + ;}
while(tt_url[J]! ='&'){j + + ;}
lr_save_searched_string(tt_url,len,0,"serviceID",1,j - i - 1,"serviceID");
i + + ;
j + + ;
```

```
while(tt_url[i]! ='='){i++;}
while(tt_url[J]! ='&'){j++;}
lr_save_searched_string(tt_url,len,0,"nodeID",1,j-i-1,"nodeID");
i++;
j++;
while(tt_url[i]! ='='){i++;}
while(tt_url[J]! ='&'){j++;}
lr_save_searched_string(tt_url,len,0,"dealID",1,j-i-1,"dealID");
return 0;
}
```

2) 数据加载

对于每个虚拟用户(Vuser),其数据加载方式都不一样,对于一个数据源来说,数据加载方式包括数据获取方式、数据更新方式。

(1) 数据获取方式　"选择下一行"("Select next row")列表中选择一个数据获得方法(表4-3),以指示在虚拟用户(Vuser)脚本执行期间,如何从参数文件中取得数据。

表 4-3　数据获取方式

数 据 获 取	描　　　述
随机 Random	在每次循环里随机的读取一个,但是在本次循环中一直保持不变。为每一个虚拟用户分配一个数据表中的随机值。当运行一个场景、会话步骤或业务流程监控器配置文件时,可以指定随即顺序的种子数。每个种子值代表用于测试执行的一个随机值顺序。每当使用该种子值时,会将相同顺序的值分配给场景或会话步骤中的虚拟用户。如果在测试执行中发现问题,并且要使用相同的随机值顺序重复该测试,可使用该数据获得方式
顺序 Sequential	按照顺序一行行的读取,每一个虚拟用户都会按照相同的顺序读取。当正在运行的虚拟用户(Vuser)访问数据表时,将会提取下一个可用的数据行。如果在数据表中没有足够的值,则控制器(Controller)返回到表中的第一个值,循环继续直到测试结束
唯一 Unique	唯一的数。为每一个虚拟用户的参数分配一个唯一的顺序值。在这种情况下,必须确保表中的数据对所有的虚拟用户(Vuser)及其迭代来说是充足的。 注意:使用该类型时,数据表中应有足够多的数据。如控制器(Controller)中设定10个虚拟用户进行5次循环,那么编号为1的虚拟用户取1~5的数,编号为2的虚拟用户取6~10的数,依此类推,这样数据表中至少要有50个数据,否则控制器(Controller)在运行过程中会返回错误

(2) 数据更新方式　数据更新方式指的是每一个虚拟用户(Vuser)在每次测试开始前,如何得到一个新的数据。在"Update value on"列表中选择一个数据更新方式,以指示在脚

本执行期间,如何更新参数值,包括"Each occurence"、"Each interation"和"Once",具体见表 4-4。

表 4-4　数据更新方式

数 据 更 新	描　　　　述
Each occurence(每次出现)	在运行时,每遇到一次该参数,便会取一个新的值。虚拟用户(Vuser)在每次参数出现时使用新值。当使用同一个参数的语句不相关时,该方法非常有用。例如,对于随机数据(Random),在该参数每次出现时都使用新值可采用此方式
Each interation(每次迭代)	运行时,在每一次循环中都取相同的值。虚拟用户(Vuser)在每次脚本迭代时使用新值。如果一个参数在脚本中出现了若干次,则虚拟用户(Vuser)为整个迭代中该参数的所有出现使用同一个值。当使用同一个参数的几个语句相关时,可采用此方式
Once(一次)	运行时,在每次循环中,该参数只取一次值。虚拟用户(Vuser)在场景或会话步骤运行期间仅对参数值更新一次。虚拟用户(Vuser)为该参数的所有和所有迭代使用同一个参数值。当使用日期和时间时,可适用此方式

(3) 加载组合　针对以上的数据获取和数据更新方式,可以得到在性能测试的执行过程中,数据负载的加载组合模式,具体见表 4-5。

表 4-5　数据加载组合方式

更新方式	获　　取　　方　　式		
	随机 Random	顺序 Sequential	唯一 Unique
Each occurence（每次出现）	每次迭代,Vuser 会从数据表中提取新的随机值	每次迭代,Vuser 会从数据表中提取下一个值	每次迭代,Vuser 会从数据表中提取下一个唯一值
Each interation（每次迭代）	参数每次出现时,Vuser 将从数据表中提取新的随机值,即使在同一次迭代中	参数每次出现时,Vuser 将从数据表中提取下一个值,即使在同一次迭代中	参数每次出现时,Vuser 将从数据表中提取新的唯一值,即使在同一次迭代中
Once(一次)	分配的随机值将用于该Vuser 的所有迭代	第一次迭代中分配的值将用于所有的后续的迭代	分配的唯一值将用于该Vuser 的所有后续迭代

连接数据库,并对其中的数据进行参数化,选择"Random Number",点击"Properties.."按钮,出现界面如图 4-7 所示。

注意:参数的文件名不要使用 con. dat、pm. dat 或者 lpt＊. dat 等系统内置文件名。

图 4 - 7 参数属性

接下来会连接数据库,从数据表中选择用户名。点击"数据向导"按钮,界面如图 4 - 8 所示。

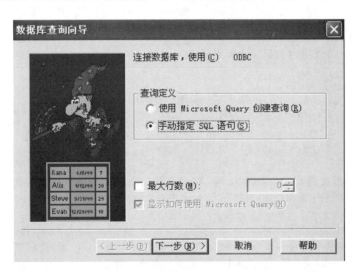

图 4 - 8 通过数据库查询

选择"手动指定 SQL 语句",点击"下一步",出现如图 4 - 9 所示窗口。

添入连接字符串,点击"创建"按钮,选择事先配置好的 ODBC 连接。在 SQL 语句里输入 select 查询语句,出现如图 4 - 10 所示窗口。

注意:在参数数据显示区,最多只能看到 100 行,如果数据超过 100 行,只能点"编辑"按钮,会打开系统的记事本进行查看。

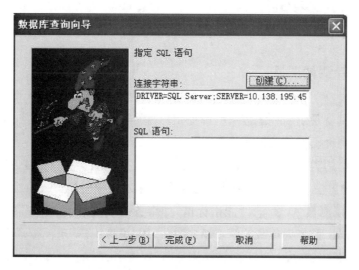

图 4 - 9 数据库连接

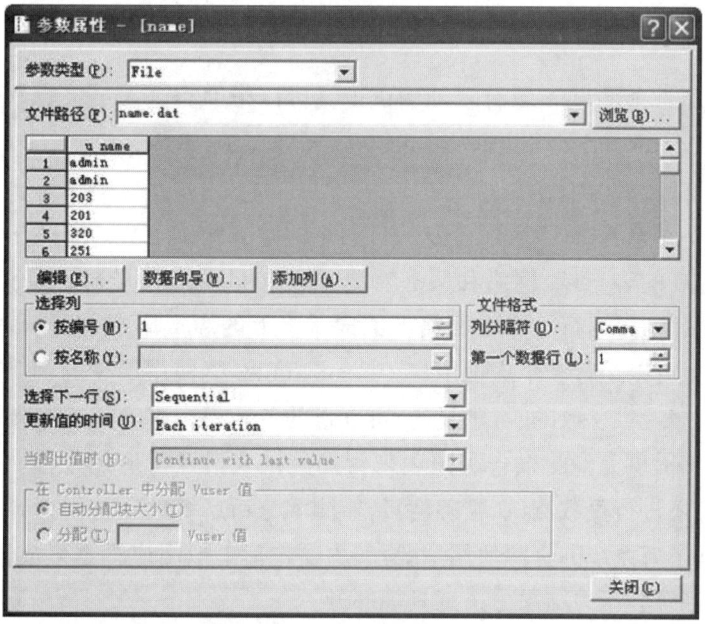

图 4 - 10 获得数据

4.5 工具与案例

4.5.1 性能测试工具

性能测试工具就是使用一定数量的虚拟用户,模拟真实的用户并按照指定的负载模型对被测系统进行各种操作的软件或设备。

针对不同的应用类型和侧重点,目前主要有以下三种 Web 性能测试方法[23]:

(1) 虚拟用户方法　通过模拟真实用户的行为来对被测程序(Application Under Test,AUT)施加负载,以测量 AUT 的性能指标值,如事务的响应时间、服务器的吞吐量等。以真实用户的“任务处理”作为负载的基本组成单位,用“虚拟用户”来模拟真实用户。

(2) 网站使用签名方法　基于网站使用签名(Website Usage Signature,WUS)来设计测试场景,以“经常被访问的路径”作为负载的基本单位。该方法的提出是为了衡量测试负载和真实负载之间的接近程度,其负载的确定依赖于日志。

(3) 对象驱动方法　基本思想是将被测程序的行为分解成可测试的对象,这里的对象可以是链接、命令按钮、消息、图像、可下载的文件、音频等,对象定义的粒度取决于应用的复杂性。

目前,自动化性能测试领域有多种测试工具可以帮助测试人员进行软件性能测试,其中商业工具有 LoadRunner、SilkPerformer 等,开源工具有 Selenium、Grinder、JMeter 和 TestMaker 等。

LoadRunner 是惠普(HP)公司开发的自动化的性能测试工具。通过施压于整个应用,来隔离和识别潜在的客户端、网络和服务器瓶颈。LoadRunner 能够在受控的和高峰负载条件下测试应用。通过运行分布在网络上的成千上万的虚拟用户(取代真实用户)来产生负载,一台机器上可以运行多个虚拟用户。LoadRunner 能使用最少的资源来模拟用户,同时通过虚拟用户来提供一致的、可重复的、可度量的负载模拟真实用户来使用被测的应用。LoadRunner 能够提供完整的报告和图表来帮助测试人员评价应用性能。LoadRunner 模拟多用户并发环境进行负载测试、精确度量、监测和分析系统性能与功能,同时在线监控能在测试执行期间了解系统的资源使用情况,其主要包括虚拟用户脚本生成器、压力生成器、用户代理、监控系统和压力结果分析工具等部分。

SilkPerformer 是业界最先进的企业级负载测试工具,能够模拟成千上万的用户在多协议和多种计算环境下工作。SilkPerformer 具备预测企业电子商务环境的行为,且不受电子商务应用规模和复杂性影响。可视化的用户化、负载条件下可视化的内容校验、实时的性能监视和强大的管理报告可以帮助用户迅速将问题隔离;通过最小化测试周期、优化性能以及确保可伸缩性,加快系统投入市场的时间,并保证了系统的可靠性。

采用自动化的性能测试工具的主要原理包括采用代理录制脚本和模拟用户操作。

1) 代理录制脚本

代理位于客户端和服务器端之间,用于截获客户端和服务器之间交互的数据流。LoadRunner 中,虚拟用户脚本生成器通过代理方式接收客户端发送的数据包,再将其转发给服务器端;或者接收从服务器端返回的数据流,记录并返回给客户端。服务器端和客户端都在一个真实运行环境中,虚拟用户脚本生成器通过"代理方式"截获数据流,然后对其进行协议层上的处理,最终用脚本函数将数据流交互过程转化为基于 C 或 Java 程序语言的脚本语句。

2) 模拟用户操作

模拟用户操作是运行在负载机上的进程,该进程与产生负载压力的进程或是线程协作,接受调度系统的命令,产生负载压力的进程或线程。它通过测试脚本对被测应用施加负载,得到被测应用返回的数据、响应时间和负载等数据。

4.5.2 性能测试流程

性能测试的测试过程(图 4-11)通常在测试工具内完成。首先是录制测试脚本或者手工编写测试脚本;接下来是对所得的脚本进行必要的重构和优化,这个过程需要人工介入,可以是自动化的或者半自动化的[24~27]。

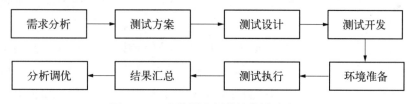

图 4-11 大数据应用的性能测试流程

1) 需求分析

大数据应用中,不同用户角色所关注的性能的出发点和视角都不尽相同,因此需要分析符合用户要求的测试需求。当响应时间较小的时候,用户体验是很好的;当用户体验的响应时间包括个人主观因素和客观响应时间,在设计软件时,设计人员就需要考虑到如何更好地结合这两部分达到用户最佳体验。

2) 测试方案

在测试方案中,需要关注性能测试场景和测试负载模型。

大数据应用中,考虑到数据量的规模,设计的测试负载模型应与大数据应用相对应。具体为:

(1) 自动负载均衡 当有大批脚本需要运行的时候,如何把这些脚本合理地分配到各台测试机上会是一个问题。如若分配不均,可能发生的情况是一些测试机在忙碌着,而一些测试机已经结束了手头的工作空闲着。所以需要有一个中心控制点,能够实时地监测测试机资源的有效利用状况,使得测试机资源的利用率达到最大。

(2) 动态资源分配　运行测试脚本的测试机资源的动态分配。在实际运行过程中,存在测试机资源不足的情况。对于不同的测试任务而言,需要测试机的数量是不同的。所以需要建立一个动态机制,在运行过程中动态的增加和删减测试机数量,使得测试整体执行更加合理化。

3) 测试设计

对于同一个应用来说,不同的测试设计及测试开发会导致不同的测试脚本和结果。测试设计阶段应根据测试需求、方案和实际应用,来形成测试用例。对于大数据应用来说,应特别关注支撑数据的设计。

4) 测试开发

测试脚本是性能测试的关键,因此测试脚本的开发是性能测试的一个重要环节。在性能测试过程中,虚拟用户模拟真实用户使用被测系统,这个“模拟”的过程正是通过性能测试脚本来实现的。因此,编写一个准确无误的脚本对性能测试有至关重要的意义。完成性能测试脚本包括两个步骤:脚本录制和脚本修改。

(1) 脚本录制　脚本录制可以根据应用所传输的协议进行。例如,基于 Web 的浏览器应用采用 HTTP 协议,基于 HTTP 协议的脚本录制可采用两种方式:基于 HTML 和基于 URL。对于基于浏览器的 HTTP 应用可选择 HTML 方式,基于其他方式的 HTTP 应用可选择 URL 方式。如果测试脚本出现问题,需要重新录制,可以只录制存在问题的片断脚本。

(2) 脚本修改　录制完成后,需要对录制的脚本进行调试,来判断脚本是否可运行。若调试中录制的脚本无法运行成功,需要对测试开发完成的脚本进行修改,修改后的脚本应重新调试直至脚本运行成功。对调试通过的脚本设置运行参数、设置监测脚本。在大数据应用测试过程中,由于大数据应用的动态性和不确定性,可能需要根据测试执行的情况调整测试策略,甚至需要进一步调整测试脚本。脚本修改主要针对脚本在多用户并发环境的运行、根据应用动态性和测试要求进行参数化、性能测试的压力最大化。

① 思考时间设置。思考时间(Think Time)指用户进行操作时每个请求之间的时间间隔。性能测试时,为模拟这样的时间间隔,引入了思考时间这个概念,能更加真实的模拟用户的操作。思考时间是浏览器在收到响应后到提交下一个请求之间的间隔时间。不同的思考时间会对应用性能产生不同的影响,思考时间修改为 0 或一个较小的值,会对服务端造成较大的压力。反之,若不修改原有脚本中的思考时间,则对服务端的压力较小。

② 集合点设置。通过插入集合点(也称同步点)使性能测试的压力最大化,以衡量在不同负载的情况下应用性能情况。例如在测试计划中,可能会要求系统能够承受 500 人同时提交数据,在性能测试工具中通过在提交数据操作前面加入集合点,这样当虚拟用

户运行到提交数据的集合点时,性能测试就会检查同时有多少虚拟用户运行到该集合点,如果未达到 500 个虚拟用户,测试工具就命令已经到集合点的虚拟用户在此等待。当在集合点等待的虚拟用户达到 500 人时,性能测试工具会向 500 个虚拟用户要求进行数据请求,从而达到压力最大化目标。一般来说,测试工具会设置等待百分比来避免由于部分虚拟用户的各种原因失效,如设置为 95％,则只需达到 475 个虚拟用户时,就可以进行数据请求。

5) 环境与测试准备

大数据应用中,其被测环境的不再由单一的独立服务器或简单的应用服务器、中间件服务器和数据库服务器所组成,而是由服务器集群或虚拟化的服务器集群所组成。不同的测试环境组成对测试结果也会产生影响,在测试正式执行前应对环境进行确认。

从脚本录制成功到脚本在测试环境中运行成功,一般需要经历以下四个步骤:

（1）单用户单循环次数（Single User & Single Iteration，SUSI） 该步在脚本调试中进行,用来验证脚本编写的正确。

（2）单用户多循环次数（Single User & Multi Iteration，SUMI） 该步在脚本调试中进行,可以验证参数化和加载的数据是否正常运作。

（3）多用户单循环次数（Multi User & Single Iteration，MUSI） 该步在控制器进行,来验证并发功能。

（4）多用户多循环次数（Multi User & Multi Iteration，MUMI） 该步在控制器进行,根据用户的场景要求,作为最终的测试实施和测试目标,验证软件系统的性能。

以上四个步骤应在真实的测试环境中准备,关注每台服务器的资源使用情况。若各项准备工作正常完成,则可以进入测试执行阶段。可以确保脚本正常运行并能调试成功。

6) 测试执行

性能测试执行主要对测试开发中设计的测试脚本的实施过程,也就是依据测试计划、测试方案,运行指定的脚本。在实际的测试执行中根据脚本内容,设置各种不同脚本的虚拟用户数量以产生实际的负载,扮演产生负载的角色。

实际测试过程,采用多用户多循环方法进行测试,测试时应多次运行测试以获得更加准确的结果,每次测试后取平均值得到结果。

在测试执行过程中,需要同时启动监控来对数据库、应用服务器、服务器的主要性能计数器进行监控。这里以 LoadRunner 为例,介绍性能监控的方式。LoadRunner 提供的默认性能监视窗口共有四个,分别为"运行 Vuser"、"事务响应时间"、"每秒点击次数"和自定义窗口。其中,自定义窗口提供了可由测试人员所需的监控资源。

7) 结果收集

结果收集在测试完成后,通过性能测试收集汇总所有虚拟用户的测试结果和监控结果,主要包括:

（1）把所有测试运行的结果统一由控制端进行收集,测试数据进行合并。

（2）产生相关图表和报表，主要包括：

① 系统负载，操作执行时间，请求执行时间，请求吞吐量生成的系列图表。

② 每个请求或操作生成的系列图表。

③ 操作统计，请求统计，线程统计，线程请求统计，Session 操作统计，Session 请求统计生成的报表。

8）分析调优

分析调优包括性能分析和性能调优两个过程。性能分析用来分析请求和响应在客户端、网络和服务器上端到端的相关时间，结合压力结果分析工具进行辅助测试结果分析。LoadRuuner 的 Web 交易细节监测器座位提供高级的分析和报告工具，以便迅速查找到性能问题并追溯缘由。

为了便于确认瓶颈，定位导致性能问题的具体原因。可以结合测试工具自带的详细分析工具，可以进一步分析网络传输或数据处理的分布。

（1）在网络传输中，将网络延时进行分解，以判断 DNS 解析时间，连接服务器或 SSL 认证所花费的时间。

（2）大数据应用中，数据传输的规模会增加网络传输的时间，如是否因为返回了一个过大的数据集或未对数据集进行汇总或分页而导致网络传输时间过长。

（3）数据处理中，考虑数据中图像、框架和文本下载时所耗时间，如是否因为一个大尺寸的图形文件或是第三方的数据组件造成应用运行速度减慢。

结合使用这些分析工具，能很快地查找到出错的位置和原因，并做出相应的调整。对于大数据应用的性能调优，考虑到节点扩充或单机处理能力等问题，性能提升应考虑是通过单节点的处理能力（Scale Up）进行扩展或通过增加新节点（Scale Out）进行扩展。

特别要关注性能测试的"拐点论"：产生拐点的情况是性能测试产生某种瓶颈，主要原因是某种资源达到了极限。此时表现为随着压力的增大，系统性能急剧下降。

4.5.3　某网络舆情监测系统测试案例

对于某网络舆情监测系统，通过系统对网络中出现的特点比对测试。测试时，选取两家公司的全文检索软件分别安装在同一配置测试机器上，考察并发操作对测试服务器的压力情况，并记录每次并发操作时，查询每个关键词所花费的页面平均响应时间，以及测试服务器的 CPU 使用率。

测试中设计的测试数据包括：

① 测试关键词：选取 10 个关键词（中国、经济、内江、兰花、撤军事宜、技术 and 支持、网络 and 经济、技术 or 支持、网络 or 经济、中国 or 世界 or 科技 or 市场）。

② 测试集：某论坛正文的抓取数据。

测试过程中，测试用户数分布：分别模拟 10 用户并发、20 用户并发、30 用户并发、40

用户并发的并发场景,思考时间设置为 0,每次并发操作时间为 10 min。具体时间:

1) 响应时间比较

系统响应时间的测试结果如表 4-6、表 4-7 所示。

表 4-6 软件 1 在不同情况下的页面平均响应时间

关 键 词	页面平均响应时间(s)				
	1 用户	10 用户	20 用户	30 用户	40 用户
中 国	0.359	2.563	5.082	7.497	11.074
经 济	0.297	2.471	5.146	7.618	12.587
内 江	0.297	2.614	5.104	7.872	12.642
兰 花	0.266	2.452	5.092	8.481	13.345
撤军事宜	0.297	2.522	5.169	8.701	13.349
技术 and 支持	0.437	2.537	5.005	8.319	11.262
网络 and 经济	0.297	2.488	5.186	8.173	10.379
技术 or 支持	0.282	2.459	5.012	8.545	9.827
网络 or 经济	0.313	2.501	5.125	8.444	10.228
中国 or 世界 or 科技 or 市场	0.375	2.503	5.095	8.396	10.499

表 4-7 软件 2 在不同情况下的页面平均响应时间

关 键 词	页面平均响应时间(s)				
	1 用户	10 用户	20 用户	30 用户	40 用户
中 国	0.156	1.151	2.290	3.357	4.494
经 济	0.125	1.117	2.252	3.356	4.497
内 江	0.078	1.159	2.253	3.347	4.471
兰 花	0.079	1.118	2.305	3.437	4.519
撤军事宜	0.062	1.138	2.234	3.378	4.449
技术 and 支持	0.219	1.113	2.226	3.358	4.489
网络 and 经济	0.172	1.103	2.265	3.400	4.531
技术 or 支持	0.250	1.109	2.231	3.363	4.542
网络 or 经济	0.234	1.128	2.233	3.368	4.526
中国 or 世界 or 科技 or 市场	0.313	1.099	2.271	3.408	4.500

2) 系统完成事务和占用的资源

在不同的用户数并发下,考察系统完成事务和占用的资源的情况,见表 4-8~表 4-11。

表 4 - 8　10 用户并发下,系统完成的事务机器占用资源情况

产 品	成功事务数目	失败事务数目	错误数目	CPU 平均占用率(%)	系统平均可用内存(MB)
软件 1	228	0	0	77.133	160
软件 2	536	0	0	6.149	159

表 4 - 9　20 用户并发下,系统完成的事务机器占用资源情况

产 品	成功事务数目	失败事务数目	错误数目	CPU 平均占用率(%)	系统平均可用内存(MB)
软件 1	221	0	0	78.504	159.5
软件 2	527	0	0	6.299	154.6

表 4 - 10　30 用户并发下,系统完成的事务机器占用资源情况

产 品	成功事务数目	失败事务数目	错误数目	CPU 平均占用率(%)	系统平均可用内存(MB)
软件 1	210	0	0	75.606	194.6
软件 2	533	0	0	6.188	153.1

表 4 - 11　40 用户并发下,系统完成的事务机器占用资源情况

产 品	成功事务数目	失败事务数目	错误数目	CPU 平均占用率(%)	系统平均可用内存(MB)
软件 1	195	4	6	75.606	182.2
软件 2	520	0	0	6.188	152.2

由表 4 - 8～表 4 - 11 所对应的数据可以得到软件 1 和软件 2 随并发用户数变化,CPU 平均占用率变化比较见图 4 - 12,系统平均可用内存变化比较见图 4 - 13,10 min 成功执行事务数目比较情况见图 4 - 14。

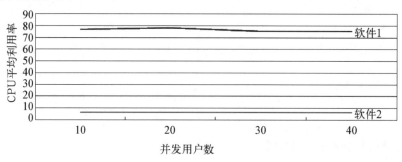

图 4 - 12　随并发用户数变化的 CPU 平均占用率变化比较图

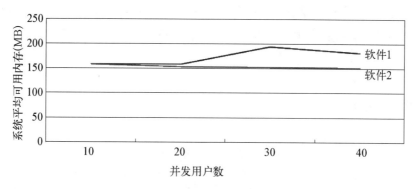

图 4-13 系统平均可用内存变化比较图

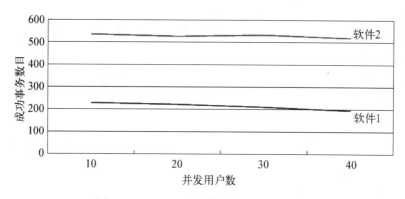

图 4-14 10 min 成功执行事务数目比较图

从图 4-15 可看出,当进行 10 用户、20 用户、30 用户以及 40 用户并发测试时,软件 2 的 CPU 平均占用率远低于软件 1,软件 2 的 CPU 平均占用率在 6% 左右,而软件 1 的 CPU 平均占用率在 75%～78%(备注:并发测试前,测试机器的 CPU 占用率在 0～1% 之间)。图 4-16 显示,两者在进行并发测试时,系统平均可用内存量差别不大。图 4-17 显示,在进行 10 min 压力并发测试时,软件 2 执行的事务数目要远高于软件 1 执行的事务数目(备注:在进行测试时,两个软件执行的事务是一致的,此处一个事务代表一个用户使用前面所述的关键词,对这一天的论坛正文数据进行全文检索所执行的动作。10 min 内执行的事务数目越多,表明其执行效率越高)。

表 4-11 显示,当进行 40 用户并发测试时,软件 2 仍能正常返回查询结果,所有事务均成功执行,没有出现错误;此时对软件 1 的测试压力较大,会导致服务器某些时候处于忙碌状态而无法响应客户端的请求,而出现无法显示页面的错误,错误在 10 min 的压力测试期间共出现了 6 次,出错率为 0.3%。

4.5.4 某微博大数据平台测试案例

某微博大数据平台,可从互联网中抓取微博客篇章,利用基本情感词库及自然语言处理技术,对文章内容进行褒贬分析,并呈现相应的分析结果。该大数据平台采用B/S架构开发,针对微博信息滚动、微博信息排序、信息检索和褒贬分析四个功能点进行性能测试。

1) 微博信息滚动

测试结果见表4-12。

表4-12　信息滚动测试结果

序　号	微博信息滚动时间	滚动间隔(s)
1	2012-03-05 16:07:53 至 16:08:23	31
2	2012-03-05 16:08:23 至 16:08:53	30
3	2012-03-05 16:08:53 至 16:09:23	30
4	2012-03-05 16:09:23 至 16:09:53	30.5
5	2012-03-05 16:09:53 至 16:10:23	31
		平均滚动间隔:30.5 s

2) 按时间、回复数、转发数对微博信息排序

排序结果见表4-13。

表4-13　排　序　结　果

序号	测试内容	排序时间(s)	说　　明
1	按时间对博文进行排序	<1	进入"博文"列表中后,选择"时间"为排序方式,对博文列表进行排序,排序博文为121 020条,查看排序时间
2	按回复数对博文进行排序	<1	进入"博文"列表中后,选择"回复数"为排序方式,对博文列表进行排序,排序博文为121 020条,查看排序时间
3	按转发数对博文进行排序	<1	进入"博文"列表中后,选择"转发数"为排序方式,对博文列表进行排序,排序的博文为121 020条,查看排序时间

3) 信息检索

检索结果见表4-14。

表 4 - 14   检索时间结果

序 号	关键字搜索	设定时间范围		微博条数	检索时间(s)
		开始时间	结束时间		
1	酒	2011 - 1 - 1	2012 - 3 - 6	532	0.15
2	时代	2011 - 1 - 1	2012 - 3 - 6	754	0.31
3	微博 新浪	2011 - 1 - 1	2012 - 3 - 6	632	0.21
4	微博 实名制	2011 - 1 - 1	2012 - 3 - 6	107	0.04
5	微博 推荐 新浪	2011 - 1 - 1	2012 - 3 - 6	127	0.04
					平均检索时间：0.15 s

4）微博文数据褒贬的分析时间

针对新浪微博指定的知名微博客所发微博文进行数据褒贬分析测试中，使用倾向性分析程序对随机抽取的 3 000 条微博文数据进行褒贬分析，统计其分析时间并计算出每条微博文的平均分析时间。分析结果见表 4 - 15。

单条微博文分析时间＝分析时间/抽样微博文数

表 4 - 15   分析时间结果

序 号	抽样微博文数	开始时间	结束时间	分析时间(s)
1	3 000 条	10:07:28	10:08:06	38
2		10:09:55	10:10:23	28
3	3 000 条	10:11:20	10:11:52	32
4		10:13:00	10:13:40	40
5		10:14:30	10:15:00	30
				平均单条微博文分析时间：0.01 s/条

◇ **参** ◇ **考** ◇ **文** ◇ **献** ◇

［1］ 杨根兴，蔡立志，陈昊鹏，等. 软件质量保证、测试与评价［M］. 北京：清华大学出版社，2007.

［2］ Myers G J，Badgett T，Sandler C. 软件测试的艺术［M］. 张晓明，黄琳，译. 北京：机械工业出版

社,2014.

[3] 孟丹. 软件统一性能测试模型的构建与应用[D]. 西安电子科技大学,2011.

[4] 谭浩. 性能测试的原理及其自动化工具的实现[J]. 计算机工程与设计,2006,27(19):3660-3662.

[5] Dean J, Ghemawat S. MapReduce: Simplified Data Processing on Large Clusters [C]//Proceedings of the 6th Symposium on Operating Systems Design and Implementation,2004:137-149.

[6] 肖静. 基于 Web 挖掘的负载测试应用研究[D]. 成都:四川大学,2006.

[7] 网站性能计算公式[EB/OL].
http://www.doc88.com/p-916964466357.html,[2014-04-05].

[8] 性能瓶颈分析和性能报告总结[EB/OL].
http://blog.csdn.net/shenzhen2008/article/details/5757095,[2014-04-05].

[9] 测试用例测试方法总结 vv[EB/OL].
http://wenku.baidu.com/view/90944feb81c758f5f61f6747.html,[2014-04-05].

[10] 路海英. Web 测试技术研究与应用[D]. 北京:北京邮电大学,2011.

[11] 李宗蕾. 基于正则语言的数据生成[J/OL]. 中国科技论文在线. 2009.

[12] Miller R B. Response Time in Man-Computer Conversational Transactions [C]//Proceedings of the December 9-11,1968,Fall Joint Computer Conference, Part I. ACM,1968:267-277.

[13] Peter Bickford_ Worth the wait! View Source_ Human Interface Online[EB/OL].
http://devedge.netscape.com/viewsource/bickford_wait.htm,[2014-03-28].

[14] 马琳,罗铁坚,宋进亮,等. Web 性能测试与预测[J]. 中国科学院研究生院学报,2005,22(4):472-479.

[15] 性能测试负载目标探讨[EB/OL].
http://www.51testing.com/html/39/5939-237723.html,[2014-04-07].

[16] LoadRunner11 使用手册[EB/OL].
http://wenku.baidu.com/view/f8aef21c227916888486d778.html,[2014-03-28].

[17] 柳胜. 性能测试从零开始—LoadRunner 入门与提升[M]. 北京:电子工业出版社,2011.

[18] LoadRunner 压力测试实例[EB/OL].
http://www.docin.com/p-31942848.html,[2014-04-07].

[19] LoadRunner 自动化测试工具的应用[EB/OL].
http://blog.sina.com.cn/s/blog_a3a861ba01014eab.html,[2014-04-07].

[20] 徐敏. 安全策略保障系统性能测试的研究与设计[D]. 武汉:华中科技大学,2005.

[21] 冷先刚. 软件测试模型与方法研究[D]. 武汉:武汉理工大学,2009.

[22] LoadRunner 参数化取值与连接数据库[EB/OL]
http://www.cnblogs.com/candle806/archive/2011/07/19/2110605.html,[2014-04-10].

[23] 江新,江国华. Web 性能测试的研究与应用[C]//2010 通信理论与技术新发展—第十五届全国青年通信学术会议论文集(下册). 2010.

[24] 最详细的 LoadRunner 进阶学习[EB/OL].
http://wenku.baidu.com/view/330f42105f0e7cd184253620.html,[2014-04-09].

[25] Loadrunner 应用(创建脚本与设计场景)[EB/OL].

http://wenku.baidu.com/view/f6a5c36e561252d380eb6e55.html，[2014-04-09].

[26] 赫建营，晏海华，刘超，等.一种有效的 Web 性能测试方法及其应用[J].计算机应用研究，2007，22(1)：275-277.

[27] 许蕾，徐宝文.Web 应用测试框架研究[J].东南大学学报：自然科学版，2005，34(6)：751-755.

第5章

大数据应用的安全测评技术

大数据的安全问题是影响大数据应用的关键因素之一。大数据安全是一个综合性的课题,其相关技术涉及密码学、数据挖掘等许多学科,产业界和学术界也提出了各种数据安全技术。架构安全和数据安全是影响大数据应用安全的两个非常重要方面。分布式计算架构由于其分布式特性,产生了很多新的安全问题,如不可信 Map 节点问题等。非关系型数据在大数据应用中存在广泛的应用,但是由于其薄弱的验证和鉴权机制,不能保证事务的一致性,存在新的安全隐患。同时大数据在分析出数据内在价值的同时,也导致了新的隐私泄露问题。针对大数据出现的安全问题,本章分析了影响大数据应用的安全要素及其测评方法,最后分析了大数据应用的安全性测评,为大数据应用的构建者和运营者提供重要参考,同时也为大数据安全测评提供借鉴。

5.1　概述

大数据蕴藏着大量有价值的信息,有些涉及企业机密,甚至国家机密,吸引了世界各地企业或个人的各种攻击行为,例如挖掘用户隐私和机密、数据篡改、数据窃取、病毒攻击等。随着各种数据挖掘手段的推进,人们越来越觉得自己的隐私有被泄露的危险,甚至有人提出大数据下无隐私。因此,大数据时代下的信息安全已经成为各界关注的重点。近年来,关于大数据的安全事件不断发生,使得人们越来越关注大数据的信息安全。

1)"棱镜门"事件

2013 年 6 月,英国《卫报》和美国《华盛顿邮报》分别先后披露了美国国家安全局的一项高度机密的项目,其代号为"棱镜"。该项目旨在监视美国公民的上网和通信信息,包括电子邮件、照片、视频、聊天记录等个人隐私资料,并且从很多美国知名大企业的服务器上收集资料,微软、雅虎、谷歌等 IT 巨头均在"棱镜"的监视计划中。

"棱镜"是一个典型的大数据安全案例,它在人们毫不知觉的情况下,通过分析海量的网络数据获取安全情报,从而达到监控的目的。斯诺登揭露的"棱镜"是美国有史以来最大的监控事件,其涉及的范围之广、程度之深令人吃惊。可以说,"棱镜"揭示了"大数据",并且引发了一个重要问题:大数据时代的信息安全和个人隐私该如何保护?这给大数据应用企业提出更大的挑战,同时也为大数据时代的安全和隐私敲响了警钟。

2) MongoHQ 数据泄露

2013 年 10 月,MongoHQ 公司宣称公司内部若干客户数据库可能已经被黑客入侵,一些客户的重要数据如密码、电子邮件地址等已经被泄露。MongoHQ 公司专门出售针对 MongoDB NoSQL 数据库管理系统的数据库即平台服务，此次数据泄露事件直接波及该公司的数百位云用户，而这些用户的数据在互联网上传播可能导致成千上万的用户隐私被泄露。后来该公司查明，某位员工的个人账户被非法盗用，导致该公司内部的安全控制机制被攻破。

此次泄露事件说明，内部安全机制失效或配置不当很可能引发严重的数据安全事故。更严重的是，攻击者已经有能力入侵受害者的 NoSQL 存储账户并获取对数据库的访问权，从而对 NoSQL 数据库的安全性提出了更大的挑战。

3）Facebook 数据泄露

全球著名的社交网络 Facebook 也遭遇过重大数据安全事故。2013 年 2 月，Facebook 遭遇了黑客发起的复杂攻击。黑客在一家移动开发者网站上部署恶意代码，Facebook 的某些内部员工访问了这家网站，使得恶意代码被安装在这些员工的电脑中。然后这些恶意代码通过 Java 的零日漏洞绕过了安全系统，使黑客得以访问 Facebook 公司的企业内部网络。同年 6 月，Facebook 又遭遇信息泄露，黑客通过某种软件漏洞获取了约 600 万名用户的电子邮件地址和电话号码，并将之泄露出去，造成的后果难以预计。

以上例子只是近年来大数据信息安全案例中的部分典型事件。赛门铁克在 2013 年 10 月的智能安全分析报告[1]中指出，最大单次数据泄露事件中造成 1.5 亿用户的个人隐私泄露；针对性的攻击持续增多，其中有 40.8% 的攻击针对超过 2 500 人的大型企业，而值得注意的是，也有 26.1% 的攻击开始针对不足 250 人的小型企业。此外，移动领域的威胁也呈上升趋势，其中主要的威胁包括个人信息窃取及后台下载。

大数据已经渗透到各个行业领域，逐渐成为一种生产要素发挥着重要作用。大数据为企业带来发展机遇的同时，随之而来的是信息安全的挑战。而大数据的安全技术是否有效，能否阻挡黑客的攻击，需要相应的测评技术来验证。

5.2　影响大数据应用安全的要素

5.2.1　影响架构安全的要素

1）分布式计算框架的安全

MapReduce 已经成为大数据应用中常用的分布式计算框架，它最先由 Google 提出，可以支持大数据的分布式处理。这个框架由 Map 和 Reduce 两个函数组成。Map 函数主要负责读入输入数据，把它分成可以用相同方法解决的小数据块，然后把这些小数据块分发到不同的工作节点上，每一个工作节点做同样的事，再把这些处理结果返回给 Reduce 函数。Reduce 函数把所有结果组合并输出。所有的 Map 和 Reduce 都是并行运行的,从而能够处理一般服务器所不能处理的大数据量处理问题。

MapReduce 的一个典型的实现是 Hadoop 分布式计算平台。它是大数据应用中常用的分布式计算框架。在处理海量数据时,Hadoop 具有高效、高容错、高扩展、高可靠性及开源的特点,因此在许多行业和科研领域中被广泛采用。Hadoop 在初始设计时,为了性能的需要而没有加入信息安全保护的机制,它假设所处的环境是安全可靠的。例如图 5-1 中,用户向分布式系统输入数据,系统中的各个工作节点并行地处理数据,并将处理结果输出到结果报告中。默认情况下,用户是合法的,HDFS、MapReduce 与工作节点都是可靠的。

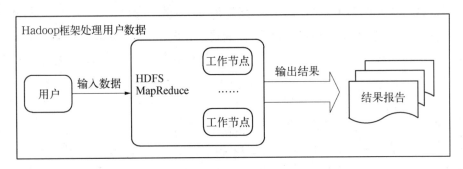

图 5-1 Hadoop 框架处理数据的示意图

但是在实际中存在许多不安全因素。主要有以下几点:

(1) 不可信的 Map 函数 Map 函数可能被修改以用于一些不可告人的目的,比如监听请求、改变 MapReduce 工作流程或篡改计算结果,也可能发生某种故障而导致错误的计算结果。可能发生的安全事件有:一个故障的 Map 工作节点产生了错误的结果,使得最终的数据分析结论不符合事实,或造成用户数据的泄漏;黑客利用自己伪造的 Map 函数对云架构实施攻击,如中间人攻击、拒绝服务攻击等;一个伪造的 Map 节点被加入集群中,发送大量重复数据,并不断引入新的伪造 Map 节点,对数据的分析产生影响。以上安全隐患都是由不可信的 Map 函数引起,更为不幸的是,在大量的 Map 节点中很难找出有问题的 Map 节点,从而对安全隐患的探测造成更大的困难。

(2) 缺乏用户以及服务器的安全认证机制和访问控制机制 由于缺乏用户认证,因此任何用户都可以冒充他人,并非法访问 MapReduce 集群,恶意提交作业,或者随意地写入或修改数据节点上的数据,甚至可以任意修改或删除任何其他用户的作业,不受任何限制。

(3) 缺乏传输以及存储加密 客户与服务器之间的数据传输和存储过程中没有加解密处理,而是使用明文传输和存储,攻击者可以在传输的过程中窃取数据,或入侵存储系统窃取数据。

2) 非关系型数据存储的安全

传统的关系数据库由于其在扩展性上的限制,无法应对超大规模和高并发的非结构化数据。而非关系型的数据库，由于其键值对存储、结构不固定，以及高可用、高可扩展的特点，非常适合于存储大数据，因此非关系型数据库在大数据环境下的应用非常广泛。超大规模和高并发的非结构化数据正是大数据的特点，而 NoSQL 是一种非关系型数据库。很多大型 IT 企业都实现了 NoSQL 的存储方案，如 Google 的 BigTable 与 Amazon 的 Dynamo 就是非常成功的商业 NoSQL 实现。一些开源的 NoSQL 数据库系统，如 Facebook 的 Cassandra、Apache 的 HBase，也得到了广泛认同和应用。

然而 NoSQL 数据库的安全性薄弱也是 NoSQL 遭诟病的原因之一，相对于较成熟的关系型数据库，非关系型数据库的发展刚刚起步，可能会有各种安全问题。典型的安全问题有以下几种：

（1）薄弱的验证机制　薄弱的验证机制使得 NoSQL 数据库容易遭受暴力破解。存储设备可能被直接访问（如侵入在线支付系统、通过 APP 或下载病毒访问数据），从而导致数据被篡改或窃取。一些关键领域的数据库（如医疗保健和交通领域）可能遭受拒绝服务攻击而造成人身的危害和经济损失。另外，支持 NoSQL 访问的 RESTful 的协议容易遭受跨站脚本攻击、跨站请求伪造等。

（2）低效的鉴权机制　各种 NoSQL 大都没有基于角色的访问控制，它们采用的鉴权机制不一样。且大多数应用都依赖上层业务部署鉴权机制，而没有数据库底层的鉴权机制。这使得敏感数据存在被泄露的风险，而且使来自内部的攻击变得容易。缺乏有效的日志分析，使得未授权的访问更加难以被发现。

（3）NoSQL 易受各类注入攻击　NoSQL 数据库易受各类注入攻击如 JSON 注入、array 注入、view 注入、REST 注入、SQL 注入、schema 注入等。针对 NoSQL 注入的解决方案目前仍不成熟，攻击者可以利用这些注入手段向数据库中添加垃圾数据。一个简单的针对 MongoDB 的注入示例：

```
login. php? username = admin&passwd[$ne] = 1
```

以上请求会形成这样的 MongoDB 查询：

```
$collection - >find(array(
"username" => "admin",
"passwd" => array("$ne" => 1)
));
```

该查询使得攻击者不需要密码进入 MongoDB 系统。

（4）事务处理的一致性较弱　根据 CAP（Consistency、Availability、Partition-tolerance）理论，一个分布式系统无法同时满足一致性（Consistency）、可用性（Availability）和分区容错性（Partition-tolerance），而且一致性和可用性是一对矛盾，所以 NoSQL 可能无法在任何时刻都提供一致的数据查询结果。

5.2.2　影响数据安全的要素

1）数据来源的可信性

企业级大数据应用需要从不同的终端设备或软件的日志中采集数据。例如，一个信息安全与事件管理系统可以从企业网络中数以百万计的硬件设备和软件应用中采集事件日志。对于采集得到的数据，一个普遍的误解是，这些数据本身都是真实有效的，能够反映现实的情况，但实际情况是有些数据可能是不可信的。因此，需要对数据的来源进行仔细甄别，否则通过分析这些数据得到的结果可能是不准确的，甚至是错误的。在数据采集阶段，一项关键的挑战是输入数据的验证：如何能相信数据是真实的？如何验证输入数据的来源是不是带有恶意的？又如何过滤掉其中的恶意数据？可见数据来源的可信性是影响数据安全的一个重要因素。数据来源存在以下风险：

（1）伪造或刻意制造的数据　攻击者可能刻意伪造数据，使得分析者对这些数据分析后得出错误的结论，产生某种假象，从而有利于攻击者达到他们的目的。伪造数据可以通过修改数据采集软件或篡改数据本身来实现，也可以通过 ID 克隆攻击（如 Sybil 攻击）来实现。由于大数据的低信息密度的特性，虚假信息往往隐藏于大量信息中，增加了鉴别的难度。例如，以 iPhone 表决应用为例，攻击者可能会破坏用来采集票数信息的 iPhone 设备或者 iPhone 客户端程序，或制造多重虚假身份（伪造的 iPhone IDs），并用虚假身份提交恶意数据。又如在一些网络购物网站上，某些劣质商品或服务的评论中有虚假评论，诱导用户去买劣质商品，而用户很难从大量的评论中分辨出这些虚假评论。

（2）数据在传播中的逐步失真或被人为破坏　数据在传播过程中也可能失真或被破坏。原因之一是某些数据采集的过程是需要人工干预的，人工干预的过程中可能引入误差，最终会影响数据分析结果的准确性。原因之二是数据在传播过程中，现实情况发生了变化，使得早期采集的数据已经过时。原因之三是攻击者可能在数据传输过程中破坏数据，例如通过执行中间人攻击（Man-In-The-Middle，MITM）或者重放攻击（Replay Attack）来破坏数据。

（3）元数据可能被伪造和修改　元数据是指描述数据属性的一组数据，如文件大小、创建时间等。攻击者可能不破坏数据本身，而对元数据进行修改。由于元数据可以被用来检查数据来源以及审计工作，破坏元数据可能导致数据来源无法确认，或者审计系统的错误。特别是对于那些需要检查元数据的系统（如金融公司的交易系统需要检查交易数据的创建时间），元数据的破坏就会造成更大的损失。

因此，大数据的应用应该基于真实的数据来源，在数据传播途径、数据加工处理过程中掌握数据可信度，防止分析得出无意义或者错误的结果。

2）数据泄露

很多人可能都有过这样的经历：在某个知名搜索引擎上搜索某个关键字，网页上会显示出与该关键字相关的广告信息。而之后访问其他毫不相关的网站时，之前的这些广告仍然可能会出现。广告商正是利用用户输入的关键词来向用户推荐商品，用户在毫不相干的网站上输入关键词的同时，这些关键词也泄露给了广告公司。这是大数据泄露的一个典型场景。

大数据应用的数据来源涵盖非常广阔的范围，如传感器、网络、记录存档、电子邮件等，大量数据的聚集不可避免地加大了数据泄露和隐私泄露的风险。

数据泄露的方式包括拦截和泄露存储在移动设备或者应用中的数据。例如，配备 GPS 定位跟踪装置的移动电话可能成为数据泄露源，从手机获得的当前用户的位置信息可以用来进行犯罪活动。网上交易系统的数据泄露也可能造成信息安全问题。2014 年 1 月，支付宝证实了其前员工李某及其两名同伙，将超过 20 GB 的支付宝用户数据多次出售给电商公司、数据公司，这些数据都是李某在工作中从公司后台服务器下载的。

泄露的数据还往往会被多方利用。例如，家电行业与房产、装修等相关行业关系紧密，通过购买家电而导致用户信息泄露给房产商的事件时有发生。而最令人担忧的问题是用户无法知道自己的数据是在哪个环节被泄露，以及是谁泄露的。

中国互联网络信息中心发布的《2013 年中国网民信息安全状况研究报告》[13]指出，截至 2013 年 9 月，过去半年内遇到过网上购物安全问题的网民达 2 000 万余人，其中有 1 000 万余网民遭遇个人信息泄露和账号密码被盗。由此看来，数据泄露是当前大数据应用面临的一个严峻问题。

3）数据挖掘和分析中的隐私问题

大数据的核心是数据挖掘技术，数据本身是"死"的，从数据中挖掘出信息，为企业所用，才是大数据价值的真正体现。然而使用数据挖掘技术为企业创造价值的同时，随之产生的就是隐私泄露的问题。

数据挖掘过程中的个人隐私信息主要包括两种：一种隐私信息即原始数据本身，例如个人的姓名、电子邮件、手机号、信用卡号等信息；另一种隐私信息是隐含在原始数据中的关系信息，它揭示了数据之间的某种关联，需要用数据挖掘算法来将它找出，如个人工资与月消费额之间的关联、病人的特征与某种疾病的关联等。无论哪一种隐私信息的泄露，都可能会威胁到个人的正常生活。

数据挖掘技术使得人们能够从大量数据中抽取有用的知识和规则。然而，这些知识和规则中可能包含一些敏感的隐私信息，数据分析人员往往可以利用数据挖掘算法，找出非隐私信息和隐私信息之间的关联，从个人的非隐私信息推理出他的隐私信息，从而造成用户隐私信息的泄露。一个典型的例子是某零售商通过分析销售记录，推断出一名年轻女子已经怀孕，并向其推送相关广告信息，而这名女子的家长甚至还不知道这一事实[2]。又如通过分析用户的微博信息，可以发现用户的个人兴趣、消费习惯等。

数据挖掘技术在侵犯用户隐私的同时，还有可能不恰当地利用这些隐私信息，从而闹出一些可笑的事情。例如，一家视频网站根据某客户看视频的习惯，向该客户推荐以同性恋为主题的电影。该客户为了消除这一推荐的倾向,开始看战争片,但系统却推荐纳粹德国的同性恋迫害史来响应客户的需求[3]。

数据加密是保护数据不被窃取的一种有效方法,其安全度较高,于是有学者提出在数据挖掘时将数据加密以保护隐私信息。然而在保证数据的加密强度的同时,分析、处理大规模加密数据变得困难,影响了数据挖掘的性能。正因为如此,使得越来越多的数据拥有者不愿意为数据分析者提供自己的数据,或者从自己的数据中通过匿名保护技术去除掉一些信息。数据拥有者常常认为经过匿名处理后的信息就可以被公开,但事实上仅通过匿名保护并不能很好地达到隐私保护目标。例如,AOL 公司曾将部分搜索历史中的个人相关信息匿名化,并将之公布供研究人员分析。即便如此,还是有分析人员通过数据挖掘技术识别出其中一位用户的详细信息[4]。这位用户是一位 62 岁妇女,编号为 4417749,家里养了三条狗,患有某种疾病等。

下面通过一个例子来介绍如何利用数据挖掘获得用户的隐私。假设某零售商欲将若干条用户的消费记录信息提供给研究人员,让他们从中分析用户消费的趋势。零售商首先将消费记录中的隐私信息做匿名处理,如删除姓名、信用卡号等信息。然后将消费记录中的年龄和月消费额发送给研究人员,其中月消费额是较敏感的隐私信息。研究人员使用聚类挖掘算法对这些消费记录进行分析,找出了用户年龄和月消费额之间的潜在关联,如发现年龄在 20～30 岁的用户,月消费额在 300～400 元之间。那么研究人员在知道了某个特定用户的年龄后,就可以大致推测出该用户的月消费额。比如研究人员知道了某个 23 岁的客户在零售商处有过消费,则可以推测出该客户的月消费额在 300～400 元之间。

通过上面的例子可以发现,虽然零售商在公布数据之前已经将数据中的隐私信息删除,但是研究人员仍然能通过数据挖掘的分析方法,挖掘出用户的隐私信息与非隐私信息之间的关联和规律,从而推测出用户的隐私信息。如何既保护用户隐私信息,又能挖掘出有效的知识和规则,即隐私保护的数据挖掘,成为数据挖掘领域的研究热点。

5.3　大数据架构的安全测评

5.3.1　分布式计算框架的安全测评

如 5.2.1 节所述,在用户使用 MapReduce 框架的过程中经常出现的危险类型有以下几种:

① 一个故障的 Map 工作节点产生了错误的结果,使得最终的数据分析结论不符合事实,或造成用户数据的泄漏。

② 黑客利用自己伪造的 Map 函数对云架构实施攻击,如中间人攻击、拒绝服务攻

击等。

③ 一个伪造的 Map 节点被加入集群中,发送大量重复数据,并不断引入新的伪造 Map 节点,对数据的分析产生影响。

针对以上所述的危险,需要从两个维度上保证 MapReduce 的安全:确保 mapper 的可信度和确保数据的可信度。确保 mapper 的可信度通常可以通过建立信任来实现。建立信任一般有两个步骤:一是建立初始信任;二是在初始认证以后,周期性检查每一个 Worker 节点的安全属性和与预先确定的安全策略是否一致。

确保数据的可信度通过访问控制来实现。例如,Hadoop 的访问控制分为服务级权限控制、作业队列权限控制和分布式文件系统权限控制三个层面,如图 5-2 所示。其中服务级权限控制是最基础、最底层的访问控制,优先于其他访问控制系统,它用于控制指定服务的访问权限,例如用户向集群提交作业的权限。作业队列权限控制在服务级权限控制的上层,用于控制作业队列的权限。分布式文件系统权限控制用于控制文件操作权限。

图 5-2 Hadoop 访问控制

为了增强 MapReduce 的安全性,Hadoop 中增加了安全认证和授权机制。Hadoop 提供了两种安全机制:Simple 和 Kerberos。Simple 机制是 Hadoop 默认的安全机制,当用户提交作业时,Simple 机制会对用户在 JobTracker 端进行核实。首先判断用户的身份是否合法;其次,检查 ACL(Access Control List,访问控制列表)配置文件,看用户是否有提交作业的权限。一旦用户通过验证,会获取 MapReduce 授予的 Delegation Token。之后的任何操作如访问文件等,均要检查该 Token 是否存在。

Kerberos 认证机制提供了更强的身份认证,它的认证步骤主要由两步组成。

第一步:如图 5-3 所示,Kerberos 认证的密钥由密钥分配中心(Key Distribution Center,KDC)管理和分配。客户端首先与 KDC 建立会话,将自己的身份信息发送给 KDC。KDC 接收到客户的身份信息后,生成一个 TGT(Ticket-Granting Ticket,票据授权票),并用之前与客户端之间的会话密钥对生成的 TGT 进行加密,然后将加密后的 TGT 发送给客户端。

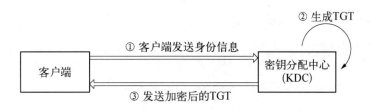

图 5-3 Kerberos 认证——获取 TGT

第二步：如图 5 - 4 所示，客户端要使用 Hadoop 的其他服务时，需先用之前第一步获得的 TGT 向 KDC 请求该服务的密钥，KDC 将该服务的密钥加密后发送给客户端。客户端再利用该服务的密钥向该服务发送请求，该服务验证客户的身份后，将服务响应发送给客户。

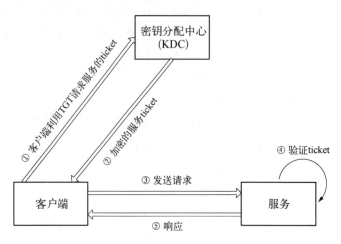

图 5 - 4　Kerberos 认证——请求服务

为了防止 Map 节点被恶意篡改，Hadoop 中合法用户提交 MapReduce 作业时，作业调度器会为每个作业生成一个令牌，作业执行任何操作时都要检查令牌是否存在，且该令牌只在作业处理期间有效。作业的提交以及管理都采用带有 Kerberos 认证的远程过程调用来实现。Hadoop 还增加了严格的访问控制机制，每个用户和用户组对应的权限均事先存储在配置文件中，且 MapReduce 作业中的每个任务均以提交该任务的用户身份执行，这样就防止了恶意用户干扰其他正常用户的 MapReduce 作业，MapReduce 任务的中间结果也不会被其他用户窃取。另外，为了 MapReduce 任务的可靠性，每个任务会定期向作业调度器发送心跳数据。如果作业调度器在一段时间内没有收到某任务的心跳数据，则认为该任务失败，然后在另一个节点上重新执行该任务。

下面以 Hadoop 中安全配置为例，说明 MapReduce 的安全测评过程。

1) 检查身份认证和授权的配置

此项配置在文件 core-site. xml 中：

```
<property>
    <name>hadoop. security. authentication</name>
    <value>kerberos</value>
</property>
<property>
    <name>hadoop. security. authorization</name>
    <value>true</value>
</property>
```

其中,hadoop. security. authentication 指明了身份认证机制,其值可以为 simple 或 kerberos,建议设置为 kerberos。hadoop. security. authorization 指明是否开启服务级权限控制,此项为 true 则代表开启,若为 false 则不开启。所以此项应为 true,否则认为 Hadoop 的安全配置不能满足要求。

服务级访问控制的具体配置存放在文件 hadoop-policy. xml 中,细分为 9 个方面的访问控制,每个方面都可制定哪些用户或者用户组拥有该方面的权限。这 9 个方面的访问控制具体见表 5 - 1。

表 5 - 1 Service Level Authorization 的属性

属　　性	含　　义
security. client. datanode. protocol. acl	用于控制 client-to-datanode 协议,主要用于 block 恢复
security. client. protocal. acl	用于控制访问 HDFS 的权限
security. datanode. protocol. acl	用于控制 datanode 到 namenode 的通信权限
security. inter. datanode. protocol. acl	用于控制 datanode 之间通信权限
security. inter. tracker. protocol. acl	用于控制 tasktracker 与 jobtracker 之间通信权限
security. job. submission. protocol. acl	用于控制提交作业,查询作业状态等权限
security. namenode. protocol. acl	用于控制 second namenode 与 namenode 之间通信权限
security. refresh. policy. protocol. aci	用于控制更新"作业管理"配置文件的权限
security. task. umbilical. protocol. acl	用于控制 task 与其 tasktracker 通信权限

这 9 个方面的访问控制的配置方法相同,每个访问控制列表可指定多个用户或用户组,用户或用户组之间用半角逗号分隔,如:

```
<property>
    <name>security. job. submission. protocol. acl</name>
    <value>user1,group1,group2</value>
</property>
```

默认情况下,这 9 种访问控制不对任何用户和用户组开放。

也可以用命令来动态加载这些访问控制的配置:

```
bin/hadoop dfsadmin - refreshServiceAcl
bin/hadoop mradmin - refreshServiceAcl
```

检查这 9 种访问控制的配置,应查看每个访问控制列表分配的用户是否满足应用的需要,如不满足则认为访问权限的配置不恰当。

2) 检查调度器配置

调度器的配置存放在文件 mapred-site. xml 中：

```
<property>
    <name>mapred. jobtracker. taskScheduler</name>
    <value>org. apache. hadoop. mapred. CapacityTaskScheduler</value>
</property>
```

其中，mapred. jobtracker. taskScheduler 属性指明 MapReduce 的作业调度器名称。欲启用作业调度的访问控制，需选择一个支持多队列管理的调度器，所以该属性的值只能为 CapacityTaskScheduler 或 FairScheduler，如果不是则认为调度器的访问控制配置不恰当。同时应查看 mapred-site. xml 里配置的队列是否满足应用场景的需要，如：

```
<property>
    <name>mapred. queue. names</name>
    <value>default,hadoop,stat,query</value>
</property>
```

3) 检查作业队列权限配置

作业队列访问权限的配置保存在文件 mapred-site. xml 中，如下：

```
<property>
    <name>mapred. acls. enabled</name>
        <value>true</value>
</property>
```

其中，mapred. acls. enabled＝true 开启，false 为关闭。所以此项应为 true，否则认为 Hadoop 的安全配置不能满足要求。

对作业的访问控制属性在文件 mapred-queue-acl. xml 里定义，如：

```
<property>
    <name>mapred. queue. stat. acl－submit－job</name>
    <value>user1,user2 group1,group2</value>
</property>
```

表示 user1、user2 和 group1、group2 可以向 stat queue 提交 job。应检查用户提交作业的权限是否满足应用的需要，如不满足则认为作业提交权限的配置不恰当。

4) 检查 DFS permission 配置

DFS permission 的配置在文件 hdfs-site. xml 中：

```
<property>
```

```
<name> dfs.permission </name>
    <value>true</value>
</property>
```

其中,dfs.permission 为 true 时,文件权限验证被开启,为 false 时不进行文件权限验证。所以此项应为 true,否则认为 Hadoop 的安全配置不能满足要求。

5.3.2 非关系型数据库的安全测评

如 5.2.1 节所述,NoSQL 数据库在安全方面面临着一系列问题,主要是薄弱的验证和鉴权机制不能保证事务的一致性。因此大数据应用对于 NoSQL 的安全性有着很大的需求。NoSQL 数据库的安全性可分为保密性、完整性、可用性和一致性四个方面,如表 5-2 所示。保密性是指未经授权数据不能被访问和泄露,主要涉及身份认证、鉴权、访问控制、数据加密等技术;完整性是指数据不被恶意破坏和篡改,主要包括数据本身的完整性和数据传输过程中的完整性;可用性是指数据在需要时可以被授权用户访问到,不因人为或自然的原因而不可访问,主要包括数据库内部节点和外部接口的可用性、数据库容灾与恢复等方面;一致性是指数据库的数据对不同的用户保持一致,这里面除了对事务的支持外,不同的 NoSQL 数据库对一致性有着不同的需要。根据 CAP 理论,一个分布式系统最多只能同时满足一致性、可用性和分区容错性三条之中的两条。不同的 NoSQL 数据库选择的两个因素不同,与其应用场景有关,比如 SimpleDB、Dynamo 等数据库选择了可用性和分区容错性,需要满足最终一致性,而 Hbase、Bigtable 等数据库选择了一致性与分区容错性,需满足强一致性。最终一致性要求不一致的数据尽可能少,而强一致性要有单键、单节点和分布式三个粒度级别的一致性要求。

表 5-2 NoSQL 数据库安全性

安全类别	安 全 内 容
保密性	身份认证和鉴权
	访问控制
	数据加密存储和传输
完整性	数据本身的完整性及其验证
	数据传输的准确性
可用性	数据库接口的可用性
	数据库内部节点的可用性
	数据库容灾与恢复

（续表）

安全类别	安 全 内 容	
一致性	事务支持	
	强一致性	数据存储一致性
		单键访问一致性
		单节点并发访问的一致性
		分布式并发访问的一致性
	最终一致性	保证数据最终一致
		数据不一致尽可能少

　　为了满足上述安全性的要求，NoSQL 数据库应该引入多种机制来增强安全性，如数据加密、身份验证和授权、日志机制等。目前，业界多采取部署中间件层封装底层 NoSQL，或将 NoSQL 集成到一个框架中来加强 NoSQL 的安全。这样可以在中间层或框架中集成各种安全机制来保护 NoSQL 的安全，同时保留 NoSQL 的性能。一个典型的例子是 Hadoop 封装的 HBase。HBase 是一个分布式的、面向列的开源数据库，是 Google Bigtable 的开源实现，具有高可靠性、高性能、面向列、可伸缩的特征。下面就以 HBase 为例，说明 NoSQL 数据库安全测评的过程。

　　HBase 是一个提供高可靠性、高性能、列存储、可伸缩、实时读写的分布式数据库系统，主要用来存储非结构化和半结构化的松散数据。HBase 框架采用主/从模型，其架构如图 5-5 所示。其中，Client 通过 RPC 机制与 HMaster 和 HRegionServer 进行通信。HMaster 为主要的管理节点，负责管理对表的插入、更新、删除等基本操作，以及管理 HRegionServer 中表的动态迁移、HRegionServer 的负载均衡工作等。HRegionServer 为数据存储的节点，主要负责响应用户 I/O 请求，向 HDFS 文件系统中读写数据。Zookeeper 是一个分布式协调系统，它记录了各个 HRegionServer 节点的地址，每个 HRegionServer 会注册到 Zookeeper 中，同时当 HMaster 失效时，会从其他节点中选举一个新的 HMaster，增强了 HBase 可靠性。另外，HMaster 通过 Zookeeper 可以随时感知每个 HRegionServer 的健康状态。

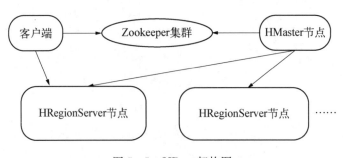

图 5-5　HBase 架构图

HBase 的安全机制包括 Kerberos 认证机制，以及 Coprocessor 框架的 ACL 访问控制等。在测试 HBase 安全机制的过程中，可以通过检查相应的配置文件来衡量 HBase 的安全级别。

1）检查身份认证配置

目前，HBase 的最新版本与 HDFS 守护进程交互时，需要使用 Kerberos 认证机制（Kerberos 在 5.3.1 节有过介绍），认证服务需要使用密钥文件。对于 HBase 集群中的所有服务器而言，认证的配置应在 hbase-site. xml 中。例如：

```
<property>
    <name>hbase. regionserver. kerberos. principal</name>
    <value>hbase/_HOST@YOUR - REALM. COM</value>
</property>
<property>
    <name>hbase. regionserver. keytab. file</name>
    <value>/etc/hbase/conf/keytab. krb5</value>
</property>
<property>
    <name>hbase. master. kerberos. principal</name>
    <value>hbase/_HOST@YOUR - REALM. COM</value>
</property>
<property>
    <name>hbase. master. keytab. file</name>
    <value>/etc/hbase/conf/keytab. krb5</value>
</property>
```

其中，hbase. regionserver. kerberos. principal 属性和 hbase. master. kerberos. principal 属性分别表示 HBase 的 HRegionServer 节点和 HMaster 节点的 Kerberos 主体。Kerberos 主体是指 Kerberos 系统知道的服务或用户。每个 Kerberos 主体通过主体名称进行标识。主体名称由三部分组成：服务或用户名称、实例名称以及域名。形式如下：

```
username/fully. qualified. domain. name@YOUR - REALM. COM
```

hbase. regionserver. keytab. file 属性和 hbase. master. keytab. file 属性分别表示 HBase 的 HRegionServer 节点和 HMaster 节点的密钥文件，利用此密钥文件可以以 Kerberos 主体的身份通过 Kerberos 认证。

检查此配置时，需检查 hbase-site. xml 文件中是否设置了上述 4 个属性，以及各个属性的配置是否正确（如 Kerberos 主体的格式是否正确，密钥文件是否存在等）。如果不正确则

HBase 的认证安全性不符合要求。

2）检查接口调用的安全配置

HBase 接口调用的安全配置分为服务器和客户端两方面。对于服务器，应检查集群内所有服务器中的 hbase-site. xml 文件是否有以下代码：

```
<property>
    <name>hbase. security. authentication</name>
    <value>kerberos</value>
</property>
<property>
    <name>hbase. security. authorization</name>
    <value>true</value>
</property>
<property>
    <name>hbase. rpc. engine</name>
    <value>org. apache. hadoop. hbase. ipc. SecureRpcEgine</value>
</property>
<property>
    <name>hbase. coprocessor. region. classes</name>
    <value>org. apache. hadoop. hbase. security. token. TokenProvider</value>
</property>
```

其中，hbase. security. authentication 指明 HBase 的认证方式，应设为 Kerberos 认证方式。hbase. security. authorization 指明是否开启授权，应设为 true。hbase. rpc. engine 指明远程过程调用所使用的引擎，应设为 org. apache. hadoop. hbase. ipc. SecureRpcEgine。hbase. coprocessor. region. classes 指明 HBase 的每个数据表需要加载的 coprocessor 类，这里应设置一个令牌机制的类 org. apache. hadoop. hbase. security. token. TokenProvider。以上各个设置如果缺失或不正确，都视为服务器端的认证安全性不符合要求。

对于客户端，检查所有客户端中的 hbase-site. xml 文件是否有以下代码：

```
<property>
    <name>hbase. security. authentication</name>
    <value>kerberos</value>
</property>
<property>
    <name>hbase. rpc. engine</name>
    <value>org. apache. hadoop. hbase. ipc. SecureRpcEgine</value>
```

```
    </property>
    <property>
        <name>hbase.rpc.protection</name>
        <value>privacy</value>
    </property>
    <property>
        <name>hbase.thrift.kerberos.principal</name>
        <value>$USER/_HOST@HADOOP.LOCALDOMAIN</value>
    </property>
    <property>
        <name>hbase.thrift.keytab.file</name>
        <value>/etc/hbase/conf/hbase.keytab</value>
    </property>
    <property>
        <name>hbase.rest.kerberos.principal</name>
        <value>$USER/_HOST@HADOOP.LOCALDOMAIN</value>
    </property>
    <property>
        <name>hbase.rest.keytab.file</name>
        <value>/etc/hbase/conf/hbase.keytab</value>
    </property>
```

其中,客户端文件中属性 hbase.security.authentication 与 hbase.rpc.engine 必须与服务器端的设置一致,否则客户端将无法连接 HBase 集群。hbase.rpc.protection 设置了远程过程调用的加密连接,应设为 privacy。hbase.thrift.kerberos.principal 和 hbase.thrift.keytab.file 分别指明客户端以 thrift 接口发送请求时的 kerberos 主体名称和密钥。hbase.rest.kerberos.principal 和 hbase.rest.keytab.file 分别指明客户端以 REST 接口发送请求时的 Kerberos 主体名称和密钥。以上各个设置如果缺失或不正确,都视为客户端的认证安全性不符合要求。

3) 检查访问控制配置

HBase 的访问控制通过 Coprocessor 框架提供。Coprocessor 是 HBase 中的一个运行时环境,Coprocessor 是 HMaster 和 HRegionServer 进程中的一个框架,可以使得 HBase 中的每个表都可以执行代码,从而实现灵活的分布式处理。基于 Coprocessor 框架,HBase 能实现基于列族或者表结构的访问控制列表。访问控制列表通过 Zookeeper 保持同步。为了能使访问控制处理器工作,需要配置集群中所有服务器的 hbase-site.xml 文件:

```
<property>
    <name>hbase.coprocessor.master.classes</name>
    <value>org.apache.hadoop.hbase.security.access.AccessController</value>
</property>
<property>
    <name>hbase.coprocessor.region.classes</name>
     <value>org.apache.hadoop.hbase.security.token.TokenProvider, org.
apache.hadoop.hbase.security.access.AccessController</value>
</property>
```

其中，hbase.coprocessor.master.classes 指明了每个 HMaster 加载的 Coprocessor 类，此处应设置一个访问控制的类 org.apache.hadoop.hbase.security.access.AccessController。hbase.coprocessor.region.classes 指明 HBase 的每个数据表需要加载的 coprocessor 类，这里应设置一个令牌机制的类 org.apache.hadoop.hbase.security.token.TokenProvider 和一个访问控制的类 org.apache.hadoop.hbase.security.access.AccessController，用半角逗号分隔。以上各个设置如果缺失或不正确，都视为访问控制的安全性不符合要求。

5.4　数据的安全性测评

5.4.1　数据来源的安全性测评

如 5.2.2 节所述，大数据应用在数据来源方面存在安全隐患，主要有两方面：刻意篡改和伪造数据，以及破坏元数据信息。鉴于上述威胁，可采取三方面的措施以确保数据来源的安全：一是对数据本身的质量进行测评；二是预防攻击者提交恶意数据；三是数据溯源技术。对数据本身质量的测评在 2.2 节已经有所论述，即对数据的可信性、可用性和数据清洗的代价进行测评，这里不再赘述。以下主要介绍恶意数据输入的预防机制及其测评，以及数据溯源技术及其测评。

1) 恶意数据输入的预防机制及其测评

Gilbert 等人[5]建议采用可信平台模块(Trusted Platform Module, TPM)来预防恶意数据的输入，保证原始数据的完整性。

可信平台模块是一种连接在电脑主板上的芯片，该芯片的技术规范由可信计算组(Trusted Computing Group，TCG)来制定。可信平台模块主要为计算机提供数据的加密、数字认证、身份认证、保护和管理 BIOS 密码和硬盘密码等安全功能。可信平台模块的体系结构如图 5-6 所示。

在大数据环境下,根据可倍计算组(TCG)的 TPM 规范,采用可信平台模块来预防恶意数据的输入,包括可信平台模块的密钥生成及加解密功能,因此这也是可信平台模块安全性测评的重点。

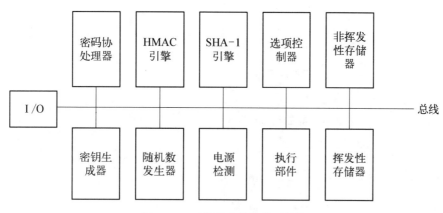

图 5-6　可信平台模块体系结构

下面以可信平台模块的测试套件为例,说明 TPM 的测评过程。Libtpm 是 IBM 公司为可信平台模块开发的一套函数库,与之配套的还有驱动程序、上层软件栈和一个测试套件。其中测试套件包括回归测试、可信计算组标准符合性(TCG 标准符合性)测试、直接匿名认证测试、密钥迁移测试等。测试流程如图 5-7 所示[6]。测试程序将预设好的输入数组依次写入设备文件,TPM 芯片读入这些数据并处理完毕后,将响应写入输出缓存中,同样通过设备文件传递给上层应用,测试程序再对响应中的返回值加以分析,如果与预期值一致,则测试通过,反之则失败。

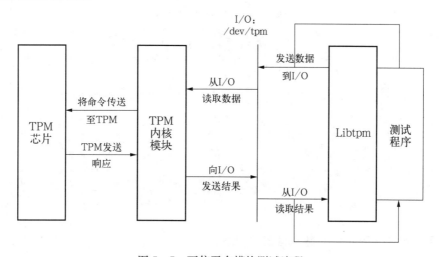

图 5-7　可信平台模块测试流程

首先从 http://ibmswtpm.sourceforge.net/上下载 tpm 的软件包,然后在 Linux 系统中安装(安装前先在 BIOS 中开启 TPM 功能),安装命令为:

```
cd tpm4720/
./autogen
./configure
make
```

然后启动 TPM 服务:

```
export TPM_SERVER_PORT = 6543
export SLAVE_TPM_PORT = 6545
export TPM_SERVER_NAME = localhost
./utils/tpmbios
```

可以用以下命令查看 TPM 是否正常启动:

```
./getcapability -cap 4 -scap 108
```

如果 Disabled 显示 TRUE 或者 Deactivated 显示 TRUE,表明 TPM 没有正常启动,需重新启动。

然后执行测试套件:

```
./test_console.sh 2>&1 | tee out.log
```

执行完毕后所有的信息都会在 out.log 文件中记录。表 5-3 显示了测试结果的一部分,主要是密钥生成功能的结果。

表 5-3　Libtpm 测试结果

FUNC_TPM_SIGN	
Read Capability	PASS
Take Ownership	PASS
Create Keys	PASS
Load Keys	PASS
Sign	PASS
PASS	

2) 基于数据溯源技术的数据可信性评估

面对大数据应用中数据被篡改的危险,可引入数据溯源(Data Provenance)技术保证数据的可信性。数据溯源最早用于数据库领域,其基本出发点是帮助人们确定数据库中各项数据的来源,例如了解它们是由哪些表中的哪些数据项运算而成,据此可以对数据进行追踪和回溯,评估数据来源的可信性,或在灾难发生后对数据进行恢复。数据集成是大数据前期处理的步骤之一,由于数据的来源多样化,所以有必要记录数据的来源及其传播计算过程,为后期的挖掘与决策提供辅助支持。数据溯源的基本方法是标记法,通过对数据进行标记来记录数据在数据仓库中的查询与传播历史。后来概念进一步细化为 Why、Where 和 Who 等类别,分别侧重数据的计算方法以及数据的出处。除数据库以外,数据溯源技术还可用于流数据与不确定数据。

下面以 PASS(Provenance Aware Storage System)为例说明如何检验数据的溯源信息。PASS 是 Muniswamy-Reddy 等人在面向数据库溯源信息的基础上提出的面向文件或文件系统并在统一环境下追踪数据起源的感知起源存储系统[7],它能自动收集、存储、管理并查询起源信息。PASS 采用了在操作系统层对起源信息进行收集的方法,利用修改过的 Linux 内核,在操作系统层对读和写操作进行收集详细的信息流和工作流描述。

检查数据的可信性可通过检查数据的溯源信息来实现。在 PASS 中,一个典型的文件的溯源信息如表 5-4 所示。

表 5-4 文件的溯源信息

Field	Value
FILE	/b
ARGV	sort a
NAME	/bin/sort,/bin/cat
INPUT	a
OPENNAME	/lib/i686/libc. so. 6 ...
ENV	USER=root
KERNEL	Linux 2. 6. 18
MODULE	pasta,kbdb,autofs4

表 5-4 显示了通过命令 sort a>b 创建出的文件 b 的溯源信息,即将文件 a 经过排序后转存为文件 b。其中 FILE 字段表示文件名,ARGV 字段表示产生文件的命令,NAME 字段表示命令的出处,INPUT 字段表示生成文件 b 的输入(即文件 a),OPENNAME 字段表示在生成文件 b 的过程中调用了哪些文件,ENV 字段表示生成文件 b 时的环境变量,KERNEL 字段表示生成文件 b 的系统的内核版本,MODULE 字段表示生成文件 b 的系统的内核模块。

要检查数据的可信性,首先要检查数据溯源信息是否存在,然后将数据溯源信息与预定义的信息进行比较,只有两者一致时才认为该数据是可信的。

5.4.2　隐私保护程度的测评

如 5.2.2 节中所述,大数据应用在数据的安全和隐私方面存在一些风险,如何对数据处理时的隐私保护程度作一个测评是一个安全性分析中需要解决的问题。在使用MapReduce 框架对数据进行分析和挖掘的时候会产生两方面的隐私安全问题:在对数据进行处理时泄露了隐私,以及通过数据处理的输出结果推测出原始信息。目前在数据层面,对这些隐私安全问题的解决方案主要包括以下三方面:一是对原始数据进行去隐私处理以达到保护隐私的效果;二是对数据本身采取严格的访问控制以防止数据泄露;三是对数据处理的输出结果采取加噪声处理,使得攻击者从输出结果中无法推测出原始数据。下面针对上述三方面的解决方案提出一些测评方法。

1) 数据去隐私处理效果的测评

为了降低数据泄露隐私风险,一种较常用的方法是对原始数据进行一定的处理,隐去其中的敏感数据。处理方法分为数据扰乱和数据加密。

数据扰乱技术是对数据本身进行一些修改,以删除或弱化其中隐私敏感的部分。数据扰乱有多种方式,如数据乱序、数据交换、数据扭曲、数据清洗、数据匿名、数据屏蔽、数据泛化等。数据乱序将原始数据重新排列;数据交换将各个数据记录中的某些属性值进行交换,可以从记录的层面保护隐私;数据扭曲是在原始数据上叠加一个噪声值,叠加方式又分为加性叠加和乘性叠加,在已知噪声值概率分布的情况下,仍可以从加噪后的数据中提取出与原始数据相近似的数据统计特征;数据清洗是把原始数据中的某些记录删除或修改,以减少频度高的记录的影响;数据匿名主要针对原始数据中某些记录的标识属性或关键属性作删除或泛化的操作,使得在一组数据集中单个个体无法被识别,典型的算法如 K -匿名算法;数据屏蔽先将原始数据中的隐私属性值隐去,再通过概率分析修正隐去的属性值,既考虑到数据分析的准确性,又兼顾了隐私保护;数据泛化技术将原始数据中的敏感属性值替换为一个更抽象的值,如"中国人"、"印度人"泛化成"亚洲人"。数据扰乱技术虽然能够一定程度保护隐私,但同时由于数据本身被修改,会对分析结果造成影响,因此使用数据扰乱技术需要在隐私保护程度和数据分析精度上做一个权衡。

数据加密技术是用某种算法对数据进行加密,攻击者如果强行破译密码需要很大的代价,从而保护数据的隐私安全。目前比较常用的有 RSA 公钥加密算法,它有足够的加密强度,但在海量数据的情况下计算代价提高,同时对加密的数据进行计算前必须先解密,此时也有隐私泄露的风险。由此产生了同态加密技术,它使得加密后的数据可以进行与原始数据一样的代数运算,运算的结果还是加密数据,并且该结果就是明文经过同样的运算再加密后的结果。这项技术可以用于加密数据的检索、比较等操作,无需对数据解密就能得出正确的结果。

不同的数据处理方法有不同的测评指标。但其中有一些较通用的测评指标可以评估处理后的数据的质量和隐私保护程度。现举其中有代表性的几种评判指标。

（1）基于准确性的隐私保护效果评估　准确性是指经过隐私保护处理后的数据集与原数据集的相似程度。数据经过隐私保护处理后，其信息可能会有所损失，准确性就是衡量数据信息损失程度的指标，信息损失越少，数据质量越好。假设原始数据集为 D，经过隐私保护处理后的数据集为 D'，那么准确性可以用 D 和 D' 的差异性来衡量。具体的计算方法由 Bertino 等人在文献[8]提出：

$$\text{Diss}(D,\ D') = \frac{\sum_{i=1}^{n} |\ F_{D}(i) - f_{D'}(i)\ |}{\sum_{i=1}^{n} f_{D}(i)}$$

其中，i 是原数据集 D 中的一个数据项，$f_{D}(i)$ 是数据项 i 在数据集 D 中出现的频率。$f_{D'}(i)$ 是 i 对应的处理后数据在处理后的数据集 D' 中出现的频率。$\text{Diss}(D,\ D')$ 就是要计算的准确度，它表示处理前后数据频率的绝对误差之和与原数据集中数据频率之和的比值。这个比值越大说明数据的失真程度越高，准确性也就越低。

（2）基于方差的隐私保护效果评估　基于数据扰乱技术的隐私保护技术的效果可以通过扰乱后的值与原始值的误差的方差来评估。评估公式：

$$\text{Var}(X-Y) = \frac{1}{N} \sum_{i=1}^{N} [(X_i - Y_i) - (\overline{X} - \overline{Y})]^2$$

其中，X 表示数据的原始值，Y 表示扰乱后的值，N 表示数据数量，$\overline{X}$ 和 $\overline{Y}$ 表示 X 和 Y 的平均值。

为了避免方差随着数值的增大而变得过大，可以将公式改为 X、Y 误差的方差与 X 方差的比值：

$$\frac{\text{Var}(X-Y)}{\text{Var}(X)} = \frac{\frac{1}{N} \sum_{i=1}^{N} [(X_i - Y_i) - (\overline{X} - \overline{Y})]^2}{\frac{1}{N} \sum_{i=1}^{N} [X_i - \overline{X}]^2}$$

上述方法计算得出的方差或协方差越大表示扰乱后的值与原数据差异越大，隐私保护程度也就越好，但相应的数据可用性就越低。

（3）基于信息熵的隐私保护效果评估　基于信息熵的隐私保护效果评估指标由 Bertino 等人提出[8]。这个方法的基础是信息熵，其定义为：设 X 是一个随机变量，它根据概率分布 $p(X)$ 在一个有限范围内取值。则这个概率分布的熵的定义：

$$h(X) = -\sum p(X) \log_2 (p(X))$$

信息熵用来度量 X 的取值有多少种"选择"，或者说 X 取值的不确定程度。它可用于度量与一组数据相关联的信息的量。这里所说的"数据相关联的信息"可以用来评价数据的隐私保护程度。因为熵表示数据的信息量,所以数据经过隐私保护处理之后的熵应该比之前的熵要高。此外,熵也可以用来评价一个数据值的不可预测性,对于隐私保护来说就是预测经过隐私保护处理的数据的原值的难度。

基于信息熵的隐私级别度量方法比较通用。对于不同的隐私保护方法,需要根据不同方法的特性重新定义上式,这和不同隐私保护算法有关。在文献[8]中,信息熵被用来评价基于"关联规则"的隐私保护算法。

(4) 基于匿名化程度的隐私保护效果评估　数据匿名方法主要针对数据的准标识属性(准标识属性是指数据集中的一组属性,通过这组属性可唯一确定一条记录)执行隐去或泛化的操作,一个好的匿名化方法应该使得用户难以从匿名化的数据中推测出原始的敏感数据。K-匿名算法是一个较典型的匿名算法,它是由 Samarati 和 Sweeney 在文献[9,10]中提出的。所谓 K-匿名,就是通过原始数据集中的某些属性值匿名化,使得数据集中的每条记录在准标识属性上都与至少 $K-1$ 条其他记录不可区分。在实际应用中,为了保护具有敏感数据的数据集,在数据集发布之前,会将该数据集中的某些属性进行一些泛化处理,使得该数据集满足 K-匿名的条件。表 5-5 和表 5-6 是一个 $K=2$ 时的例子,表 5-5 为一个医疗信息的原始数据,其中的生日、邮编涉及隐私,属于敏感属性,经过 2-匿名后的数据为表 5-6,至少有 2 条记录在生日、邮编属性上无法区分。

表 5-5　医疗信息原始数据

姓　名	生　日	邮　编	病　症
小陈	1955 - 2 - 1	021141	感冒
小王	1955 - 9 - 23	021142	癌症
小李	1970 - 3 - 14	021135	胃炎
小赵	1970 - 12 - 28	021137	肠炎
小明	1986 - 4 - 26	021138	癌症
小孙	1986 - 10 - 9	021139	肺炎

表 5-6　匿名化处理的医疗数据

姓　名	生　日	邮　编	病　症
小陈	1955	02114 *	感冒
小王	1955	02114 *	癌症
小李	1970	02113 *	胃炎
小赵	1970	02113 *	肠炎

（续表）

姓　名	生　日	邮　编	病　症
小明	1986	02113 *	癌症
小孙	1986	02113 *	肺炎

K-匿名算法的隐私保护程度可以用 K 的数值来度量。K 数值越大则不确定程度越大，原始数据越难被推测出来。

（5）基于数据泄露风险度的隐私保护效果评估　隐私保护程度的另一种度量是数据泄露风险度，它表示某条信息和一个特定的个人相关联的风险度。计算数据泄露风险度有以下几种方法：

第一种方法是基于数据集之间距离的计算。该方法首先计算经过隐私保护处理后的数据集记录与原始数据集记录之间的距离，在处理后的数据集中，如果一条记录恰好与它对应的原始记录的距离最接近，则该条记录被标记为"关联"，如果一条记录与它对应的原始记录的距离是第二个最接近的，则该条记录被标记为"第二关联"。数据泄露风险度就被定义为处理后的数据集中标记"关联"的记录数与标记"第二关联"的记录数的比值。这个比值越高，则说明数据泄露的风险越大，隐私保护程度越低。

第二种方法是基于数据落在区间内的概率。如果一个原始数据落在以处理后的数据为中心的某个区间内，则该原始数据被认为是有风险的，所有有风险数据的百分比即为数据泄露风险度。当然，这个风险度越大意味着隐私保护程度越低。

第三种方法是计算隐藏失效参数。隐藏失效参数是指在数据集经过隐私保护处理之后，仍然能被发现的敏感信息的百分比。众所周知，隐藏的敏感信息越多，丢失的有用信息就越多。有些隐私保护的算法允许使用者选择隐藏敏感信息的数量，以求在数据的隐私度和可用性之间取一个平衡。例如，Oliveira 和 Zaiane 将隐藏失效定义为在处理后的数据集中被发现的敏感信息的百分比[11]，计算公式如：

$$HF = \frac{\sharp R_\mathrm{p}(D')}{\sharp R_\mathrm{p}(D)}$$

其中，$\sharp R_\mathrm{p}(D)$ 和 $\sharp R_\mathrm{p}(D')$ 分别表示从原始数据集 D 中发现的敏感数据和从处理后数据库 D' 中发现的敏感数据的数量，计算得出值的百分比越大，则隐私保护程度越低。

2）访问控制机制的测评

访问控制是一种重要的安全机制，是限制用户只能访问受控信息，防止信息被非法窃取和篡改的主要手段。访问控制限制的主体可以是用户、进程、服务等，受保护的信息可以是文件、目录、网络资源等。访问控制分为自主访问控制（Discretionary Access Control，DAC）和强制访问控制（Mandatory Access Control，MAC）。DAC 是指由数据的拥有者自己决定是否将自己的数据访问权或部分访问权授予其他访问主体，这种控制方式是自主的,典型的应用是 Linux 系统中的 9 位权限控制码和访问控制列表(Access Control List, ACL)。MAC 是由系统强制确定访问主体能否访问相应资源,这种控制是强加给访问主体的,典型的应用是 SELinux(Security-Enhanced Linux,安全加强的 Linux)中的访问控制。

在 MAC 下,用户(或其他访问主体)与文件(或其他访问客体)都被标记了固定的安全属性(如安全级、访问权限等),在每次访问发生时,系统检测安全属性以便确定一个用户是否有权访问该文件。因此,MAC 相比于 DAC,提供更细粒度的访问控制,可以防止木马的攻击。因此,MAC 被用在很多安全要求较高的信息系统中。

下面以 Airavat 模型为例,说明大数据应用中 MAC 机制的测评。Airavat 是由德克萨斯大学的 Indrajit Roy 等人创建的一套分布式计算系统,主要为了解决 MapReduce 的安全问题[12]。Airavat 基于流行的 MapReduce 框架,并整合了 MAC 和差分隐私技术提供端到端的机密性、完整性和隐私保护机制。Airavat 在 SELinux 中运行,利用 SELinux 的安全特性对系统资源进行保护,防止系统资源泄露,同时增强了对 MAC 策略的管理,为 MapReduce 和分布式文件系统提供有效的访问控制。Airavat 系统结构如图 5-8 所示,包括三个角色:计算提供者、数据提供者和 Airavat 计算框架。计算提供者使用 Airavat 编程模型编写 MapReduce 代码,数据提供者指定隐私策略的参数。

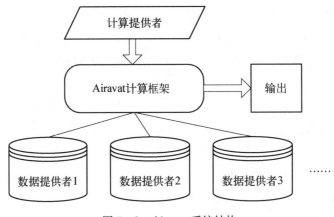

图 5-8　Airavat 系统结构

下面具体说明 Airavat 中 MAC 机制的测评步骤。

(1) 查看 SELinux 中 MAC 的状态　SELinux 是由美国国家安全局开发的 Linux 安全模块,它是 MAC 的一个实现,目前已被集成到一些 Linux 发行版的内核中,例如 Fedora、Red Hat Enterprise Linux (RHEL)、Debian 和 Centos。Airavat 计算框架底层搭建在 SELinux 之上。以 Fedora 10 为例,可以查看/etc/sysconfig/selinux 文件以确认 MAC 的运行状态。该文件的部分内容如下:

```
……
SELINUX = enforcing
#SELINUX = disabled
```

```
＃ SELINUXTYPE = type of policy in use. Possible values are：
＃ targeted - Only targeted network daemons are protected.
＃ strict - Full SELinux protection.
SELINUXTYPE = targeted
……
```

其中，以"＃"开头的行都是注释，没有实际意义，是为了便于使用者理解和阅读。上述内容中关键的两行信息是第二行和第七行。其中第二行"SELINUX＝enforcing"指明了MAC的运行状态。MAC的运行状态有enforcing、permissive、disabled三种选择，其意义如下：

enforcing——记录警告并阻止可疑行为。

permissive——仅记录安全警告但不阻止可疑行为。

disabled——完全禁用MAC。

MAC的运行状态用命令getenforce查看，输出为enforcing、permissive、disabled中的一种。

在大数据应用环境中，MAC的运行状态应设置为enforcing，这样可阻止MapReduce程序对数据的未授权的访问。如果未设置成enforcing，则视为安全性不严密。

第七行"SELINUXTYPE＝targeted"指明了MAC的运行策略。MAC的运行策略主要有两大类：一类是targeted，它只是对于主要的网络服务进行保护，如apache、sendmail、bind、postgresql等，其他网络服务都处于未定义的状态，可定制性高，可用性好，但是不能对整体进行保护。另一类是strict，所有网络服务和访问请求都要经过SELinux，能对整个系统进行保护，但是设定复杂。

MAC的运行策略通过命令sestatus查看，输出内容举例如下：

```
SELinux status：          enabled
SELinuxfs mount：         /selinux
Current mode：            permissive
Mode from config file：   permissive
Policy version：          18
Policy from config file：  targeted
```

第一行指明了MAC开启与否；第二行指明SELinux文件系统挂载位置；第三行和第四行指明了MAC当前运行状态和配置文件中指定的运行状态；第五行指明了MAC运行策略的版本；第六行指明了当前MAC的运行策略。

在大数据应用环境中，建议MAC的运行策略设置为targeted，根据具体的应用场景灵活配置需要监控的网络服务。也可设置为strict，对整个系统进行更严格的保护。

（2）查看Airavat的MAC配置　Airavat在SELinux的安全策略中创建了两个安全

域,分别是可信域(名为 airavatT_t)和不可信域(名为 airavatU_t)。可信域内运行 Airavat
的可信组件,包括 MapReduce 框架和分布式文件系统,这些组件被标记为 airavatT_exec_t
类型,可以读写可信的文件以及连接网络。可信的文件只能被可信域内的进程读写,其他
域内的进程不能读写。不可信域内运行一些用户自定义的 Map 函数,其权限十分有限,不
能读写可信的文件及连接网络。不可信域内的进程只能通过管道与可信域内的进程通信,
而管道应由可信的组件建立。为了进一步加强安全性,Airavat 设置了一个可信用户
airavat_user,只有这个可信用户才能进入可信域,执行可信的程序。

Airavat 中可信域和不可信域的声明代码如下:

```
type airavatT_t;
type airavatT_exec_t, file_type, exec_type;
application_domain(airavatT_t,airavatT_exec_t)
role system_r types airavatT_t;
role airavatuser_r types airavatT_t;
domain_auto_trans(airavatuser_t, airavatT_exec_t, airavatT_t);
allow airavatuser_t self: process setexec;


type airavatU_t;
type airavatU_exec_t, file_type, exec_type;
application_domain(airavatU_t,airavatU_exec_t)
role system_r types airavatU_t;
role user_r types airavatU_t;
role airavatuser_r types airavatU_t;
domain_auto_trans(userdomain, airavatU_exec_t, airavatU_t);
allow user_t self: process setexec;
domain_auto_trans(airavatuser_t, airavatU_exec_t, airavatU_t);
```

要查看系统中是否设置了可信和不可信域,可用如下命令查看:

seinfo − adomain − x

如果输出中存在 airavatU_t 和 airavatT_t 两项,则 Airavat 配置正常,否则为配置不成功。
要查看系统中是否设置了可信用户 airavatuser_u,可用如下命令查看:

seinfo − adomain − u

如果输出中存在 airavatuser_u 项,则 Airavat 配置正常,否则为配置不成功。

3) 对计算结果隐私程度的测评

传统的基于数据匿名的隐私保护方法不能完全保证数据中的隐私不被发现,当攻击者

结合外部数据对匿名后的数据进行分析时,仍然有可能从分析结果中推测出原数据中隐藏的部分。差分隐私技术是对这个问题的一种解决方案,它通过在分析结果中加入噪声的手段使得攻击者无法分析出原始数据中的隐私信息,如图 5-9 所示。攻击者想通过程序获得数据的计算结果 $f(x)$,而系统最终给出的结果是 $f(x)$ 加噪声。

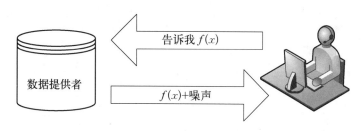

图 5-9　差分隐私保护技术

具体来说,差分隐私在计算结果中加入噪声,使得数据集中任何单个数据项是否存在都不会过多影响总的计算结果,如图 5-10 所示,无论数据记录 D 是否存在,输出 $f(x)$ 的差别并没有太大变化。用数学的语言表述就是,如果一个计算函数 F 满足:对于任意两个数据集 D_1 和 D_2,且 D_1 和 D_2 的区别最多是某个数据项存不存在,对于函数 F 所有可能的输出 S,都有:

$$Pr[F(D_1) \in S] \leqslant \exp(\varepsilon) \cdot Pr[F(D_2) \in S]$$

则称函数 F 满足 ε 差分隐私。其中,ε 为隐私参数,$F(D_1)$ 和 $F(D_2)$ 为函数 F 在数据集 D_1、D_2 上的计算结果,$Pr[F(D_1) \in S]$ 表示计算结果为 S 的概率,也表示隐私被泄露的风险。

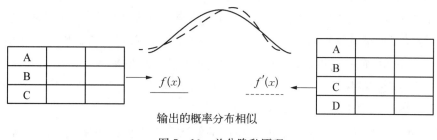

图 5-10　差分隐私原理

这个定义可以理解为:通过计算结果无法判断出原始数据集中是否存在某个特定的数据项。因此,差分隐私技术可以使输入数据集的隐私信息不被泄露。差分隐私保护的隐私参数 ε 可以权衡单个数据项的隐私保护程度和输出结果的准确性。

下面举例说明如何测评差分隐私保护的效果。

(1) 比较差分隐私保护的计算输出的差异性　例如,表 5-7 显示了一个医疗数据集,其中每个记录表示某个人是否患有某种疾病(1 表示是,0 表示否)。数据集为用户提供统计查询服务(例如计数查询),但不能泄露具体记录的值。设用户输入参数 i,调用查询函数 $f(i) = \text{count}(i)$ 来得到数据集前 i 行中满足"诊断结果"=1 的记录数量,并将函数值反馈给用户。假设攻击者欲推测小陈是否患有某疾病，并且知道小陈在数据集的第 5 行，那么可以用 count(5)-count(4) 来推出正确的结果。

表 5 - 7　差分隐私示例

姓　　名	诊　断　结　果
小张	1
小李	0
小王	1
小赵	0
小陈	1

但是，如果 f 是一个提供 ε－差分隐私保护的查询函数，例如 $f(i)=\text{count}(i)+\text{noise}$，其中 noise 是服从某种随机分布的噪声。假设 $f(5)$ 可能的输出来自集合 $\{1, 3, 5\}$，那么 $f(4)$ 也将以几乎完全相同的概率输出 $\{1, 3, 5\}$ 中的任一可能的值，攻击者无法通过 $f(5)-f(4)$ 来得到想要的结果。这种针对统计输出的随机化方式使得攻击者无法得到查询结果间的差异，从而能保证数据集中每个个体的安全。

为了检测差分隐私保护的效果，可通过多次查询 count 函数的输出来判断。如果每次的输出为固定值，则认为隐私保护的效果没有达到要求；如果每次的输出有差别且大致服从随机分布，则认为隐私保护的效果达到要求。

（2）计算函数的灵敏度　向输出结果添加多少噪声取决于计算函数的"灵敏度"。一个函数的灵敏度表示输入数据集中任何一个数据项的存在与否对函数输出结果的最大影响。一般来说，一个函数的灵敏度越高，就越容易识别出输入数据集中某个特别的数据项是否存在，该数据项泄露的风险性就越大。因此，为了达到差分隐私的要求，计算函数的灵敏度越高，需要在输出结果上添加随机噪声就越多。

一个函数的灵敏度由函数本身决定，不同的函数会有不同的灵敏度。许多常见的函数有比较低的灵敏度。例如，对于前面所提到的 count 函数，某一个数据项从数据集中添加或移除给计算结果产生的最大可能变化为 1，所以 count 函数的灵敏度就是 1。然而许多函数的灵敏度是比较难以估计的。在此给出计算函数灵敏度的一般公式：设有函数 f，输入为一数据集 D。对于至多只相差一条记录的数据集 D 和 D'，函数 f 的灵敏度 S 定义为：

$$S = \max \| f(D) - f(D') \|$$

其中，$\| f(D) - f(D') \|$ 是 $f(D)$ 和 $f(D')$ 之间的范数距离。

一些函数具有较小的灵敏度，因此只需加入少量噪声即可掩盖因一个记录被删除对查询结果所产生的影响，实现差分隐私保护。但对于某些函数而言，例如求平均值、求中位数等函数,则往往具有较大的灵敏度,必须在函数输出中添加足够大的噪声才能保证隐私安全,导致数据可用性较差。

检验函数的灵敏度可以评价差分隐私保护的效果。如果函数的灵敏度过高,则加入的噪声过多,导致数据可用性差。低灵敏度的函数更容易实现差分隐私保护,数据可用性也较好。

(3) 评估隐私参数 ε 对输出结果的影响 在实践中为了使一个算法满足差分隐私保护的要求,对不同的问题有不同的实现方法,例如,Airavat 在 MapReduce 输出结果上添加随机噪声的形式是拉普拉斯分布,即 Lap($b/ε$),其概率分布函数为:

$$p(x) = \mathrm{Lap}\left(\frac{b}{ε}\right) = \frac{ε}{2b}\exp\left(-\frac{ε\,|\,x\,|}{b}\right)$$

其中,b 是 MapReduce 函数的灵敏度。

图 5 - 11 显示了不同参数的 Laplace 分布。图中横坐标是加入的噪声值,纵坐标是概率。从图 5 - 11 中可以看出,加入的噪声与 b 的值成正比,与 ε 成反比,即 b 较小时,算法表现较好,因为加入的噪声较少。当 ε 减小时,lap 的曲线变得扁平,意味着噪声幅度的预期变大。

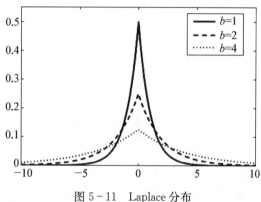

图 5 - 11 Laplace 分布

由于 Laplace 噪声仅适用于数值型查询结果,而在许多实际应用中,查询结果为实体对象(如一种方案或一种选择),对此可以添加指数噪声,它是 Laplace 噪声的一种延伸,定义如下[13]:

设随机算法 f 输入为数据集 D,输出为一实体对象 r,$q(D, r)$ 为输出值 r 的可用性函数(即用来评价 r 的优劣程度的函数),b 为函数 $q(D, r)$ 的灵敏度。则为了保证算法 f 的 ε - 差分隐私保护特性,算法 f 需以正比于 $\exp\left(\dfrac{εq(D, r)}{2b}\right)$ 的概率选择并输出 r。

下面就以一个实例来说明隐私参数 ε 对上述指数噪声的影响。

假如拟举办某种选举,可供选择的候选人来自集合{小明,小红,小王,小李},参与者们为此进行了投票,现要从中选举出一人,并保证整个决策过程满足 ε - 差分隐私保护要求。

这里的可用性函数 $q(D,r)$ 即为得票数量,显然 $q(D,r)$ 的灵敏度 $b=1$。那么按照指数机制,在给定的隐私参数 ε 下,可以计算出各个项目的输出概率,如表 5-8 所示。

表 5-8 指数噪声示例

项　　目	票数(可用性)	概　　　　率		
		$\varepsilon=0$	$\varepsilon=0.1$	$\varepsilon=1$
小明	40	0.25	0.54	0.99
小红	20	0.25	0.20	4.54×10^{-5}
小王	15	0.25	0.15	3.73×10^{-6}
小李	8	0.25	0.11	1.16×10^{-7}

表 5-8 中,小明、小红、小王、小李的得票数(即可用性)分别为 40、20、15、8,在隐私参数 ε 分别等于 0、0.1、1 的情况下,计算出了各项输出的概率。可以看出,在 ε 较大时(如 $\varepsilon=1$),可用性最好的选项被输出的概率被放大,即候选人的得票数越多,被选择的概率越大。当 ε 较小时,各选项在可用性上的差异则被抑制,其输出的概率也随着 ε 的减小而趋于相等。

评估 ε 对差分隐私保护的影响时,可先计算出函数各项输出的概率,如果各项输出的概率差别不大或近于相等(可用方差来衡量),则 ε 的取值不合理,反之 ε 的取值较为合理。

(4) 数据发布机制的评估　数据发布问题可表述为[13]:"给定数据集 D 和查询集合 F,需寻求一种数据发布机制,使其能够在满足差分隐私保护的条件下逐个回答 F 中的查询。"下面以直方图为例说明数据发布机制的评估。

直方图是一种直观的数据分布统计图,它由多个高度不等的纵向条纹表示数据的频度,可用于统计查询或线性查询。在差分隐私保护条件下,数据集中的一条记录的增删只会影响直方图中一个数据格的结果,因此计算敏感度是比较容易的,这使得直方图可以满足差分隐私保护的数据发布要求。

在形成直方图时,需要根据属性的不同等级将数据集划分为若干个数据格,然后分别统计每个数据格的频数。例如,表 5-9 是一个医疗数据集,统计了每个人的年龄及是否携带艾滋病病毒。将表 5-9 转化为等宽直方图,统计出各个年龄段的艾滋病感染人数,如图 5-12a 所示。直接发布图 5-12a 的直方图,可能导致表 5-9 中个人隐私泄露。例如,假设攻击者知道了小明的年龄为 43 岁,但不知道他是否感染艾滋病。如果该攻击者获得了 40～45 岁之间除小明外其他病人感染艾滋病的人数(如人数为 2),通过直方图中区域[40, 45] 的计数 3,就能够推理出小明感染了艾滋病。

表 5 - 9 直方图的原始数据

姓　名	年　龄	HIV+
小王	32	无
小红	56	有
小明	43	有
……	……	……

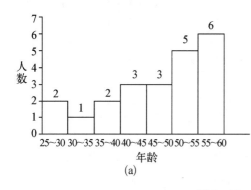 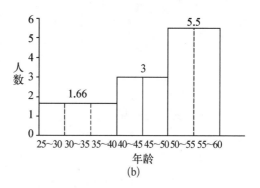

图 5 - 12　直方图发布方式

（a）原始直方图；（b）分区直方图

为了提供差分隐私保护，一种简单的方法是向每个数据格的频数分别添加独立的 Laplace 噪声，但这样可能导致累积噪声过大，使数据失效。为了降低噪声，一种有效的方法是将所有数据格合并为若干个分区，每个分区的频数为其中全部频数的平均值，如图 5 - 12b 所示，然后为每个分区频数加入噪声。

所以对数据发布机制的评估就是要检查发布的数据是否满足差分隐私保护的要求。以直方图为例，查看每个数据格的频数与原始数据相比是否添加了噪声，如果添加了噪声则满足差分隐私保护的要求，反之则不满足差分隐私保护的要求。

5.5　应用安全等级保护测评

信息安全等级保护是对信息和信息载体按照重要性等级分级别进行保护的一种工作，信息系统安全等级保护测评是验证信息系统是否满足相应安全保护等级的评估过程。大数据应用往往渗透到各个行业领域，为企业的决策提供参考，其产生的影响已经非传统软件所比拟，必须从信息安全等级保护的多层次多方面要求来测评大数据应用的安全性。

应用安全测评是信息安全等级保护测评中重要的一个方面,在《GB/T 22239—2008 信息系统安全等级保护基本要求》[14]中规定了应用安全测评:应用安全包括身份鉴别、访问控制、安全审计、剩余信息保护、通信完整性、通信保密性、抗抵赖、软件容错、资源控制等,如图 5-13 所示。

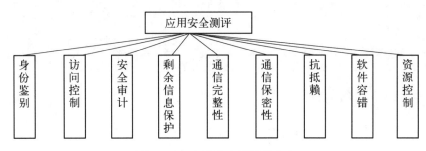

图 5-13　应用安全测评的内容

5.5.1　用户鉴别

1) 身份鉴别

身份鉴别是应用安全的基本保护手段,也是审计数据分析的基础。对于大数据应用来说,必须采用两种或两种以上的身份鉴别技术进行组合,才能有效保证身份鉴别的安全性。常用的身份鉴别技术有用户密码、动态口令设备、动态口令卡、USB key、手机短信动态密码等。在用户设置密码时,应该采用严格的密码策略,如规定密码强度、强制用户更换密码、密码重复使用次数等。为防止采用口令破解工具破解密码,在登录时需要同时输入验证码。另外,当用户登录失败时,系统也应提供相应的安全措施,如限制非法登录次数、结束会话、自动退出等。

大数据应用安全的身份鉴别测评包括以下几个方面:

(1) 检查是否有登录控制模块,该模块是否实现了标识和鉴别用户的功能。

(2) 检查用户身份注册审核制度是否严格,如在用户开设前需要提供身份证明材料,验证通过后才可以开设账户。

(3) 检查在使用用户密码验证外,是否采取了手机短信、USB key 等手段进行身份鉴别,如"支付宝账户"有两个密码,一个是登录密码,用于登录账户,查看账目等一般性操作;另一个是支付密码,凡是牵涉到资金流转的过程,都需要使用支付密码。缺少任何一个密码,都不能使资金发生流转。同时,同一天内系统只允许密码输入出错两次,第三次密码输入出错,系统将自动锁定该账户,3 个小时后才会自动解除锁定。

(4) 是否采取了严格的密码策略,如口令长度不少于 8 位,口令中有大小写字母、数字、特殊字符等,每隔 3 个月强制更换口令,口令与上一次至少有 3 位以上字符不同,口令重用次数不少于 2 次等。图 5-14 给出了当前密码强度的提示。

（5）是否提供了登录失败处理功能,连续 3 次输错密码后锁定账户一天。

（6）用户身份唯一,审计数据与用户绑定。

（7）客户端在设定的闲置时间间隔后,自动中断网络连接,再次使用需要重新登录。

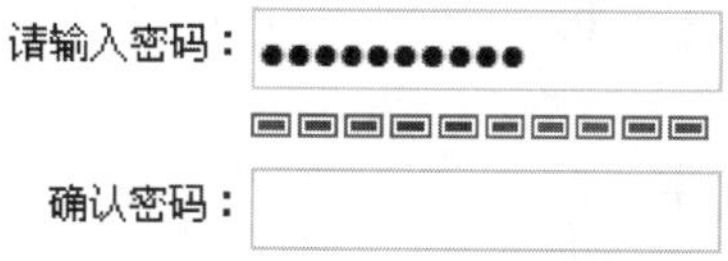

图 5-14　密码强度

（8）在用户成功登录后,显示用户最近一次成功或失败的登录信息。

2）访问控制

大数据的应用在跨平台传输数据时会带来各种风险,需要根据大数据应用的密级程度和用户需求的不同,制定完善的访问控制策略。访问控制策略在数据和用户两个维度设定不同的权限等级,对数据文件、数据库表、应用功能的访问进行严格控制,控制的覆盖范围包括访问者对数据的所有操作。

系统的访问控制策略应由授权主体在安全环境中配置,并对默认账户的访问权限进行严格限制。可以通过统一身份认证、角色权限控制等技术,对用户访问权限进行严格的控制。对内部用户账户如系统管理员、数据库管理员、业务操作员、审计员等,按照最小权限的原则给这些账户分配权限,并保证这些账户的权限相互制约。对于外部用户账户仅开通需要的权限,并且采用 WebService 等方式封装应用接口,隐藏底层的数据结构,使得底层数据对前台访问用户不可见。

大数据应用安全的访问控制测评包括以下几个方面:

（1）访问控制策略是否做到对用户分类和对信息分级,并且每个级别采取对应的保护措施。

（2）访问控制策略是否覆盖访问者对数据的所有操作。

（3）访问控制策略的配置权限是否受到严格控制。

（4）访问控制策略的配置环境是否安全。

（5）用户权限是否合理,是否实施了账户最小权限以及制约关系。

（6）底层数据是否隐藏。

5.5.2　事件审计

1）安全审计

大数据应用应提供安全审计功能,对应用发生的重要事件进行审计。审计的内容至少应包括事件的日期、时间、发起者信息、类型、描述和结果等,并且包括内部用户和外部用户的所有操作。另外,审计进程应该无法被单独中断,而且系统不应该对未授权的用户提供删除或修改审计记录的功能,如果审计记录被删除或修改应留下新的审计记录。

管理员需要定期对应用产生的审计记录数据进行查询、统计、分析、生成审计报表,用于分析和检查异常事件。

对于从互联网客户端登录的应用,应在每次用户登录时提供用户上一次成功登录的日期、时间、方法、位置等信息,以便用户及时发现可能的问题。

在大数据应用中,除了使用传统的方法对安全审计信息进行记录和分析以外,还可以借助大数据处理技术,通过融合云计算、机器学习、语义分析、统计学等多个领域的数据实时分析技术,设计具备实时检测能力与事后回溯能力的全流量审计方案,提醒隐藏有病毒的应用,进而在第一时间从安全审计数据中挖掘出黑客攻击、非法操作、潜在威胁等各类安全事件,同时发出警告信息。

大数据应用安全的安全审计测评包括以下几个方面:

(1) 安全审计范围覆盖到系统每个用户。

(2) 安全审计策略覆盖系统内重要的安全相关事件,例如,用户标识与鉴别、访问控制的所有操作记录、重要用户行为、系统资源的异常使用、重要系统命令的使用等。

(3) 审计记录信息包括身份鉴别事件中请求的来源、触发事件的主体与客体、事件的类型、事件发生的日期与时间、事件成功或失败、事件的结果等内容。

(4) 提供对审计数据的分析功能,可以根据需要生成审计报表。

(5) 审计进程不能独立于服务进程单独中断。

(6) 审计记录无法非授权删除、修改或覆盖。

(7) 审计记录进行了定期备份。

(8) 在每次用户登录时提供用户上一次成功登录的日期、时间、客户端、IP 地址等信息,以便用户及时发现可能的问题。

2) 抗抵赖

大数据应用应采用数字签名等方式访问数据,在数据原发者或接收者主动提出认证请求的情况下,应提供相应的数据原发证据或数据接收证据。

数字签名一般采用非对称加密算法实现。非对称加密算法实现机密信息交换的基本原理如图 5-15 所示:甲方生成一对密钥,并将其中的一个密钥作为公用密钥向其他需要与甲方进行通信认证的乙方公开;得到甲方公用密钥的乙方使用该密钥对机密信息进行加密后,再把加密后的信息发送给甲方;甲方在收到乙方的加密信息后,再用自己保存的另一把专用密钥对加密后的信息进行解密。对于公用密钥加密后的信息,甲方只能用其专用密钥解密。其他人员即使收到了加密后的信息,由于无法解密,就无法查看其中内容,从而可以保证信息传输的安全。

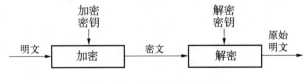

图 5-15　非对称的加密解密

数字签名可以解决否认、伪造、篡改及冒充等问题。具体来说，对于大数据应用，应该满足以下几点要求：网络中的其他用户不能冒充发送者或接收者；发送者在信息发送后不能否认发送的报文签名；接收者不能伪造发送者的报文签名及对报文进行部分篡改；接收者能够核实发送者发送的报文签名。

大数据应用安全的抗抵赖测评可以从以下几个方面入手：

（1）网站提供的数据、用户提交的需求都需要采用抗抵赖技术，确保数据的准确性。

（2）如果收到请求，应用必须能提供数据原发证据。原发证据至少应包括操作时间、操作人员及操作类型、操作内容等记录，并能够追溯到用户。

（3）如果收到请求，应用必须能提供数据接收证据。接收证据至少应包括操作时间、操作人员及操作类型、操作内容等记录，并能够追溯到用户。

5.5.3 资源审计

1）剩余信息保护

剩余信息保护包括对内存和硬盘中的剩余信息保护。

内存中剩余信息保护的重点是：在释放内存前，将内存中存储的信息删除，即将内存清空或者写入随机的无关信息。下面以应用对用户的身份鉴别流程（图 5-16）为例，介绍一下如何对内存中的剩余信息进行保护。

假设用户甲在登录应用 A 的时候，输入了用户名和密码。一般情况下，应用 A 会先将用户输入的用户名和密码存储在两个字符串类型（也可能是数组）变量中。通常情况下，为了防止攻击者采用自动脚本对应用进行攻击，应用会要求用户输入校验码，并优先对校验码进行验证。如果用户输入的校验码错误，应用应要求用户重新输入校验码。在校验码验证通过后，应用应从数据库中读取用户身份信息表，并在其中查找是否存在用户输入的用户名。如果未查找到，则应用应返回"用户名不存在"（或者较模糊地返回"用户名不存在或者密码错误"）。如果在用户身份信息表中找到用户名，一般应采用一种哈希算法（如 MD5 算法）对用户输入的密码进行运算得到其哈希值，并与数据库用户身份信息表中存储的密码哈希值进行比较。这里需要说明的是，数据库中一般不明文存储用户的密码，而是存储密码的哈希值。

通常情况下，应用在使用完内存中信息后，是不会对其使用过的内存进行清理的。存储着认证信息的内存在程序的身份认证函数（或者方法）退出后，仍然存储在内存中，如果攻击者对内存进行扫描就会得到存储在其中的信息。为了达到对剩余信息进行保护的目的，需要身份认证函数在使用完用户名和密码信息后，对曾经存储过认证信息的内存空间进行重新的写入操作，将无关（或者垃圾）信息写入该内存空间，也可以对该内存空间进行清零操作。

硬盘中剩余信息保护的重点是：在删除文件前，将对文件中存储的信息进行删除，也即

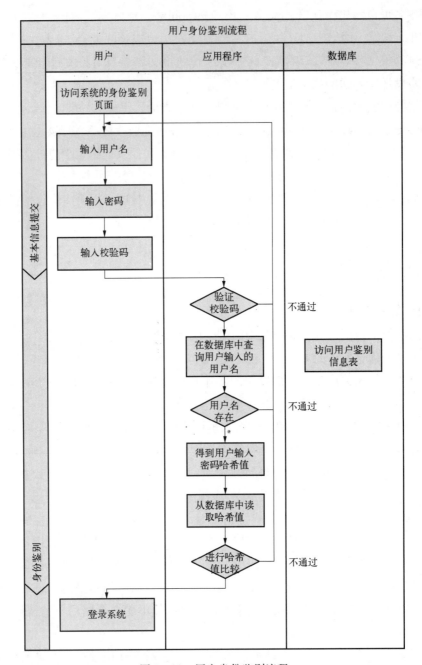

图5-16 用户身份鉴别流程

将文件的存储空间清空或者写入随机的无关信息,而不是简单的执行文件删除操作。

大数据应用安全的剩余信息保护测评包括以下几个方面:

(1)在系统中,如果对硬盘上或内存中的存储空间进行释放或再分配,释放或再分配之前必须将存储空间中的数据完全清除。

(2)释放或重新分配系统内文件、目录和数据库记录等资源所在存储空间给其他用户前进行完全清除。

(3) 用户不能操作(读取、修改或删除)其他用户产生的个人信息(无论这些信息是存放在文件、数据库还是内存中)。

2) 资源控制

对应用使用的资源进行控制,可以降低系统资源的消耗,提高系统的可靠性、可用性。大数据应用需要频繁地进行数据搜索、钻取、统计,更加需要做好资源控制。

大数据应用安全的资源控制测评包括以下几个方面:

(1) 对系统的最大并发会话连接数进行限制。

(2) 对一段时间内的并发会话连接数进行限制。

(3) 对系统内单个账户的多重并发会话数进行限制。

(4) 对一个访问账户或请求进程占用的资源分配最大限额和最小限额,超过限制时给出提示信息,可以降低优先级或拒绝服务。

(5) 能设定服务优先级并根据优先级分配系统资源。

(6) 当通信双方中的一方在一段时间内未做任何响应,另一方应能够自动结束会话。

(7) 能够对服务水平进行监控,在系统服务水平降低到规定的最小值时进行检测和报警。

(8) 可以按时段、区域等分配资源使用的优先级,满足不同的服务需求。

(9) 对单个用户下载数据量、发起的服务请求数量等进行限制,避免服务资源被少数用户长时间占用。

5.5.4 通信安全

通信安全包括通信完整性和通信保密性。在应用环境中,客户端与服务器之间的通信容易产生用户认证信息等的泄漏。因此,应用应在通信双方建立连接之前利用密码技术进行会话的验证,同时在通信过程中应采用密码技术保证关键数据的完整性。在通信过程中的所有报文应采用专用的通信协议(如 SSL 技术)或加密的方式来传输,保证通信过程的机密性。例如,支付宝交易平台采用了先进的 128 位 SSL 加密技术(参照国内银行网站的普遍做法),确保用户在支付宝页面上输入的任何信息可以安全传送到支付宝交易平台中,无需担心通信过程中的信息泄漏。

大数据应用安全的通信完整性和通信保密性测评包括以下几个方面:

(1) 在通信双方建立连接前,需要用加密技术进行会话初始化验证,并验证通信双方的身份。

(2) 在通信过程中的整个报文或会话过程,通过专用的通信协议或加密的方式进行。

(3) 提供信息的重传机制。

5.5.5 软件容错

容错技术是指采取技术措施达到对故障的"容忍",但并非是"无视"故障的存在。根据错误的不同情况,容错系统包括以下几个阶段[15]:故障限制、故障检测、故障屏蔽、重试、诊断、重组、恢复、重启动。

大数据应用安全的软件容错测评包括以下几个方面:

(1) 对人机接口输入的数据进行有效性检验,保证数据格式、长度等符合要求。

(2) 对导入数据文件进行有效性检验,保证数据类型、数据格式、数据长度符合要求,必要时可以对数据文件的完整性进行校验。

(3) 对通过通信接口输入的数据进行有效性检验。

(4) 当软件故障发生时能自动保护当前所有状态,保证系统能够进行恢复。

(5) 在软件故障发生时,不影响系统安全等级。

(6) 能有效屏蔽系统技术错误信息,不将系统产生的错误信息直接反馈给客户。

◇参◇考◇文◇献◇

[1] Symantec Corporation. Symantic Intelligence Report October 2013[EB/OL].
http://www.symantec.com/content/en/us/enterprise/other_resources/b-intelligence_report_10-2013.en-us.pdf,[2014-03-27].

[2] Duhigg C. How companies learn your secrets [J]. The New York Times, February 16, 2012.

[3] Bollier D, Firestone C M. The promise and peril of big data [M]. Washington, DC, USA: Aspen Institute, Communications and Society Program, 2010.

[4] Barbaro M, Zeller T, Hansell S. A face is exposed for AOL searcher no. 4417749 [J]. New York Times, August 9, 2006.

[5] Gilbert P, Jung J, Lee K, et al. Youprove: authenticity and fidelity in mobile sensing [C]// Proceedings of the 9th ACM Conference on Embedded Networked Sensor Systems. ACM, 2011: 176-189.

[6] 崔奇,马楠,刘贤刚. TPM接口命令标准符合性测试的设计与实现[J].计算机工程. 2009,35(2): 129-132.

[7] Muniswamy-Reddy K K, Holland D A, Braun U, et al. Provenance-Aware Storage Systems [C]// USENIX Annual Technical Conference, General Track. 2006: 43-56.

［8］ Bertino E，Fovino I N，Provenza L P．A framework for evaluating privacy preserving data mining algorithms［J］．Data Mining and Knowledge Discovery，2005，11(2)：121 - 154.

［9］ Samarati P．Protecting respondents identities in microdata release［J］．Knowledge and Data Engineering，IEEE Transactions on，2001，13(6)：1010 - 1027.

［10］ Sweeney L．Achieving k-anonymity privacy protection using generalization and suppression［J］．International Journal of Uncertainty，Fuzziness and Knowledge-Based Systems，2002，10(05)：571 - 588.

［11］ Oliveira S R M，Zaiane O R．Privacy preserving frequent itemset mining［C］//Proceedings of the IEEE international conference on Privacy，security and data mining-Volume 14．Australian Computer Society，Inc.，2002：43 - 54.

［12］ Roy I，Setty S T V，Kilzer A，et al．Airavat：Security and Privacy for MapReduce［C］//USENIX conference on Networked systems design and implementation，2010，10：297 - 312.

［13］ 熊平，朱天清，王晓峰．差分隐私保护及其应用［J］．计算机学报.2014,37(1)：101 - 122.

［14］ GB/T 22239 - 2008,信息系统安全等级保护基本要求［S］.

［15］ 胡谋.计算机容错技术［M］.北京：中国铁道出版社,1995.

索引

accard 指数　78

ACL　151,168

ACL 访问控制　157

AUC　90−92,101

Cophenetic 相关系数　78,79

F-Measure　77,90,92,100,101

Jaccard 指数　78

Kerberos 认证　151,152,157,158

K −均值　68−71,75,76,78

K −均值聚类　69,70,72−74,76

MAC　167−169

Mahout　41,55,71,75,76

Pareto 法则　115

Rand 指数　77,78

ROC 曲线　90−92,100,101

A

安全审计　176−178

B

贝叶斯定理　81

比例指标　113

并发测试　110,137

并行数据生成框架　49

不可测程序　72

C

参数化　122−124,127,132,133

测试 ORACLE 问题　2,23,66,73,74

测试策略　117,132

测试需求　28,108,109,117,119,131,132

测试用例　16,72−75,87,88,115−117,132

测试准则　72,73

层次聚类　68,69,71,79

差分隐私保护　171−175

场景设计　116,120

簇内误差　78,79

篡改　144,146−148,152,155,160,162,167,179

D

大数据框架　28,49

代价函数　69

单数据源　30,31

点分配　68

电子商务　18,20,51,52,70,92,93,97,130

迭代模型　72

动态生成　116,117

多数据源　30,31

多项式核　85

多样性　5,28,51,93,97,99,103,109

E

恶意　145,146,148,152,155,160,161

二次规划　84,85

F

仿射变换　75,76,87

访问控制　146,147,151−155,159,160,164,
167,168,176−178

非法　115,145,146,167,176,178

分布密集程度　115

分块　42

分类算法　66,73,79−81,83,85−89,101

分区容错性　147,155

分析调优　131,134

风险　24,39,83,99,108,147−149,164,167,
171,172,177

服务等级协议　110

负样本　90

负载测试　55,110,130

负载策略　117−119

覆盖率　93,97,102,103

G

高斯分布　55

高斯核 85
个性化推荐 2,16,66,67,80,92,93
个性化营销 20
攻击 104,144－148,150,160,164,168,170－172,174,178,179
广泛性 115
归一化折损累积增益 100,102
规则设计 116

H

核函数 85
核技巧 85
黑客 24,144－146,150,178

J

机器学习 29,41,55,66,67,71,72,74,80,83,85,87,90,99,178
基于内容的推荐 94
基于物品的协同过滤 96
基于用户的协同过滤 94,95
基准测试 13,14,48－52,55,58
基准测试工具 49
基准测试框架 52
及时性 39,40
加密 146,150,151,155,159,160,164,178,181
监督学习 72
监控指标 110,113
兼容性 40
鉴权 144,147,155
交叉验证 89,100
结构冲突 30,31
解密 146,161,164,178
金融理财 20
惊喜度 97,98,103,104
拒绝服务攻击 146,147,150
聚类数目 77
聚类质心 69,70,75,76
均方根误差 100
均方误差 100
均匀分布 55,114

K

抗抵赖 176,178,179
科学计算 74
可扩展性 15,97,104,113
可审计性 5
可信度 148,151
可信平台模块 160,161
可信性 5,148,160,163
可用性 16,40,41,147,155,160,165,167,169,173,174,181

L

拉普拉斯平滑 83,88
离线实验 97－99,104
留置法 88,89
漏洞 145
鲁棒性 90,104
逻辑规范 36,38

M

密钥 151,152,157,159,161,162,178
命名冲突 30,31
模式层 30,31

N

内部指标 77,78
匿名 150,161,164,166,167,170,171

O

欧氏空间 69

P

皮尔逊相关系数 102
平均倒数排名 100,101
平均绝对误差 100
朴素贝叶斯分类算法 80,81,83,86－88

Q

强制访问控制 167

去隐私处理　164

权限　151—154,168,170,177

R

认证　20,134,146,151,155,157—159,161,178,179,181

容量测试　110

软件漏洞　145

软件容错　176,182

S

社交网络　7,51,80,109,145

身份鉴别　176,178—180

身份认证　151—153,155,157,161,177,179

审计　37,148,176,177

生态圈　41

剩余信息保护　176,179,180

实例层　30,31

实时性　21,104

事件审计　177

手动设计　116

授权　147,151,152,155,156,158,169,177,178

数据安全　144,145,148

数据变换　33,35

数据采集　11,14,15,22,148

数据持续更新　109

数据冲突　29

数据抽取　28,29

数据处理和分析　14,16

数据存储　3,7,11,14—16,146,156

数据错误　29,32,39

数据分类　5,84

数据管理　14,37

数据规约　36

数据过滤　5

数据集　4,5,24,36,37,41,50—52,55,66,67,69—74,76—81,85—87,89,91,97,98,100,104,109,110,116,134,164—167,171—174

数据集成　28,29,33,163

数据加密　150,155,156,164

数据块　42,145

数据来源　24,28,29,109,148,149,160,163

数据类型　35

数据量　118,122

数据清洗　31,35—39

数据缺失　32,115

数据扰乱　164,165

数据溯源　160,162,163

数据挖掘　7,14,20—22,24,29,31—33,35,36,41,66,72,74,87,90,144,149,150

数据泄露　144,145,148,149,164,167

数据需求　13,117

数据样本　72,75,76,89,117

数据预处理　7,22,31,32

数据质量　16,28—31,36—40,165

数据质量成熟度模型　31

数据重复　32

数值指标　113

数字签名　178,179

思考时间　132,135

斯皮尔曼等级相关系数　100,102

随机子抽样　89

T

淘宝指数　19

条件概率　81

通信保密性　176,181

通信完整性　176,181

蜕变测试　73—75,77,86,88

蜕变关系　73—75,87,88

吞吐量　21,55,108,111,112,130,134

吞吐率　112

W

外部指标　77

完整性　29—31,36,39,40,155,160,168,181,182

微博舆情监控　22

微基准测试　51,55

伪造　146—148,150,151,160,179

无监督学习　72,76

X

限验 155

相对指标 77,79

相关性 2,24,39,79,101,108,115

相似度 67,78,94—97,104

响应时间 108,110,111,117—119,130,131,133—135

心跳机制 41

新颖性 93,97,103

信任度 99,103

信息安全 2,7,144—146,148,149,175,176

信息熵 77,78,103,165,166

信誉 5,20

性能测试 2,28,49,108—111,113,114,116—119,127,130—134,138

性能计数器 48,113,133

性能瓶颈 21,108,110,112,113

虚拟用户 112,119,120,122—124,126,127,130—133

序列最小优化 85

Y

压力测试 110,122,137

衍生测试用例 74—76,87,88

验证 14,20,37,54,74,76,89,109,114,116,133,144,145,147,148,151,152,155,156,175,176,179,181

业务现状分析 118

业务主题 38

一致性 29,39,50,75,78,87,99,144,147,155,156

隐私保护 150,164—168,171—175

隐私泄露 2,144,145,164

应用安全测评 176

用户调查 97—99,103,104

用户数 108,110—112,118,119,133—136

用户隐私 144,145,149,150

有效性 5,40,49,77,79,182

舆情 21—23,134

舆情处理 22

舆情发布 22

预测分析 17,80,118,119

原始测试用例 73—76,87,88

Z

在线评估 97—99

噪声数据 90,115

召回率 77,100,101

真实性 5,20

真伪性 5

正负样本 92

正确性 29,30,72—74,77,86

正样本 90

正则表达式 116

支持向量机 73,80,83—86,88

智能算法 66,72,73,88

中间人攻击 146,148,150

准确度 93,97,99

准确率 36,77,88—90,100,101,103

准确性 24,39,40,90,92,98,104,148,155,164,165,171,179

资源控制 176,181

资源审计 179

自助法 89

最小性 29

最优超平面 84

最优分类函数 84,85